河南省“十四五”普通高等教育规划教材
河南科技大学教材出版基金资助出版

大学计算机基础实验教程

（第2版）

刘欣亮　薛冰冰　主　编
田伟莉　张　虎　张兵莉　李玉祥　副主编

電子工業出版社
Publishing House of Electronics Industry
北京 · BEIJING

内容简介

本书包含 8 个实验专题，55 个实验任务，内容包括 Windows 10 操作系统、Linux 操作系统、WPS Office 办公软件、WPS Office 流程图、数据库的基本操作、网络与常用软件。本书内容丰富，给出了多个综合性强的实验任务，侧重学生实际操作能力的培养，以期提高学生的综合素质和创新实践能力。

本书是《大学计算机基础（第 2 版）》（李敏、高艳平、刘欣亮主编）的配套实验教程，可用于该课程的实验环节，也可以作为学生自学大学计算机实验的参考书。

图书在版编目（CIP）数据

大学计算机基础实验教程 / 刘欣亮，薛冰冰主编 . —2 版 . —北京：电子工业出版社，2021.9
ISBN 978-7-121-41811-2

Ⅰ . ①大… Ⅱ . ①刘… ②薛… Ⅲ . ①电子计算机－高等学校－教材 Ⅳ . ①TP3

中国版本图书馆 CIP 数据核字（2021）第 168662 号

责任编辑：戴晨辰
印　　刷：北京雁林吉兆印刷有限公司
装　　订：北京雁林吉兆印刷有限公司
出版发行：电子工业出版社
　　　　　北京市海淀区万寿路 173 信箱　邮编：100036
开　　本：787×1 092　1/16　印张：8.5　字数：218 千字
版　　次：2017 年 8 月第 1 版
　　　　　2021 年 9 月第 2 版
印　　次：2024 年 8 月第 8 次印刷
定　　价：35.80 元

凡所购买电子工业出版社图书有缺损问题，请向购买书店调换。若书店售缺，请与本社发行部联系，联系及邮购电话：（010）88254888，88258888。

质量投诉请发邮件至 zlts@phei.com.cn，盗版侵权举报请发邮件至 dbqq@phei.com.cn。

本书咨询联系方式：dcc@phei.com.cn。

前 言 Preface

本书根据教育部高等学校大学计算机课程教学指导委员会发布的新版《大学计算机教学基本要求》和《全国计算机等级考试大纲》编写，是《大学计算机基础（第 2 版）》（李敏、高艳平、刘欣亮主编）的配套实验教程。

本书内容丰富，聚焦培养学生的计算机应用能力。本书所有实验项目都是以任务驱动方式编写的。本书包含 8 个实验专题，55 个实验任务，内容包括 Windows 10 操作系统、Linux 操作系统、WPS Office 办公软件、WPS Office 流程图、数据库的基本操作、网络与常用软件。

本书由长期从事一线教学的教师编写，刘欣亮、薛冰冰任主编，田伟莉、张虎、张兵莉、李玉祥任副主编。刘欣亮编写实验 6，李玉祥编写实验 2，薛冰冰编写实验 3，田伟莉编写实验 1 和实验 4，张虎编写实验 5 和实验 8，张兵莉编写实验 7。李云龙参加了实验视频的录制工作。

本书提供配套资源，读者可登录华信教育资源网（www.hxedu.com.cn）免费下载。

本书在编写过程中得到了电子工业出版社编辑以及编者所在学校的大力支持和帮助，在此表示由衷的感谢。由于编者水平有限，虽尽力跟踪计算机的最新应用技术，但书中难免存有疏漏之处，敬请读者批评指正。

编 者

2021 年 3 月

目录 Contents

实验 1　Windows 10 操作系统 …… 1

1.1　实验目的 …… 1

1.2　实验内容 …… 1

1.2.1　Windows 10 操作系统常用设置及基本操作 …… 1

1.2.2　Windows 10 操作系统文件和文件夹操作 …… 8

实验 2　Linux 操作系统 …… 14

2.1　实验目的 …… 14

2.2　实验内容 …… 14

2.2.1　用户和用户组操作 …… 14

2.2.2　目录和文件的基本操作 …… 16

2.2.3　磁盘的相关操作 …… 16

2.2.4　综合实验 …… 17

实验 3　WPS Office 文字处理 …… 19

3.1　实验目的 …… 19

3.2　实验内容 …… 19

3.2.1　求职简历制作 …… 19

3.2.2　文章的排版 …… 26

3.2.3　毕业论文的排版 …… 32

3.2.4　邮件合并 …… 46

实验 4　WPS Office 表格制作 …… 51

4.1　实验目的 …… 51

4.2　实验内容 …… 51

4.2.1　工作表的数据编辑和格式设置 …… 51

4.2.2　公式、函数和图表的使用 …… 56

4.2.3　数据管理和分析 …… 62

实验 5　WPS Office 演示文稿设计 …… 75

5.1　实验目的 …… 75

5.2 实验内容……75
5.2.1 演示文稿的制作……75
5.2.2 创建超链接与自定义动画效果……81
5.2.3 演示文稿的个性化设置……87
5.2.4 演示文稿制作小技巧……93
5.2.5 综合实验……95

实验 6 WPS Office 流程图……97

6.1 实验目的……97
6.2 实验内容……97
6.2.1 设计流程图……97
6.2.2 绘制基本流程图……97

实验 7 数据库的基本操作……100

7.1 实验目的……100
7.2 实验内容……100
7.2.1 数据库的创建……100
7.2.2 数据表及表间关联关系的创建……102
7.2.3 表中数据的输入与维护……105

实验 8 网络与常用软件……111

8.1 实验目的……111
8.2 实验内容……111
8.2.1 网络的配置……111
8.2.2 网络的基本管理和维护……117
8.2.3 常用软件的使用……120

实验 1　Windows 10 操作系统

1.1 实验目的

（1）了解 Windows 10 操作系统界面的特点，掌握 Windows 10 操作系统基本操作。
（2）掌握 Windows 10 操作系统文件和文件夹的管理操作。
（3）掌握 Windows 10 操作系统控制面板的使用。
（4）熟悉 Windows 10 操作系统其他管理操作。

1.2 实验内容

1.2.1　Windows 10 操作系统常用设置及基本操作

任务一　桌面的个性化设置

1. 打开“个性化”界面

在桌面空白处右击，在弹出的快捷菜单中选择“个性化”选项，如图 1-1 所示，打开“个性化设置”窗口，如图 1-2 所示。

图 1-1　“个性化”选项

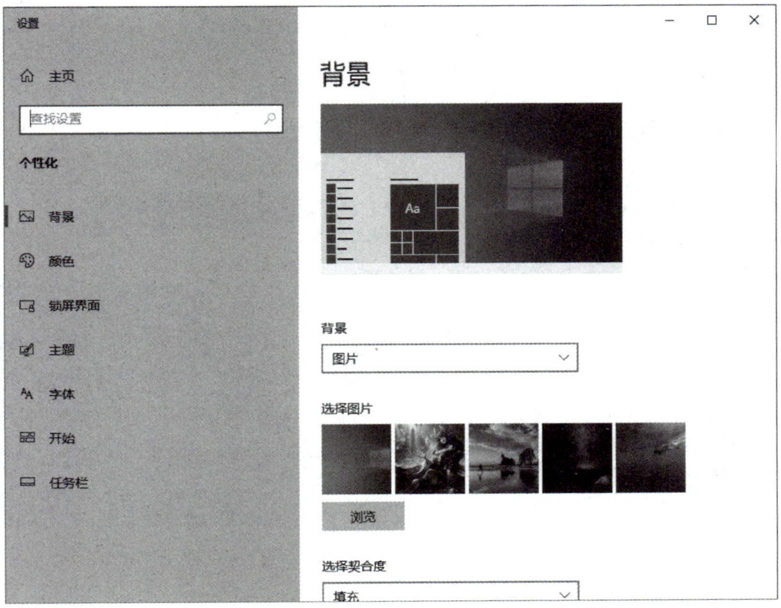

图 1-2　“个性化设置”窗口

2. 设置桌面背景

在图 1-2 中，选择“背景”选项，可以设置背景为“图片”“纯色”“幻灯片放映”，如图 1-3 所示。还可以在“选择契合度”中设置背景图片在桌面的显示方式，有“填充”“适应”“拉伸”“平铺”“居中”“跨区”6 种模式。

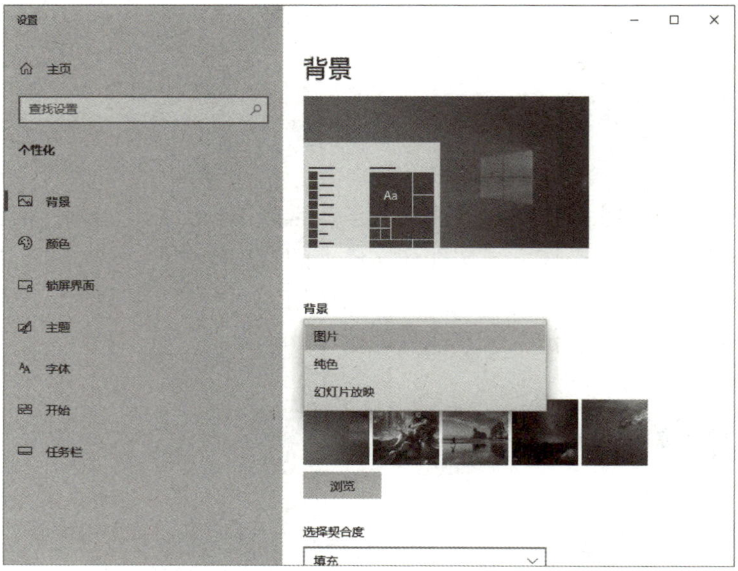

图 1-3 “背景”设置

3. 设置窗口的颜色

在“个性化设置”窗口中，用户可以根据自己的喜好，设置主题颜色和各种效果，使其更加赏心悦目。在“个性化设置”窗口中，选择“颜色”选项，如图 1-4 所示，可选择需要的色彩图标，将窗口外观改为设定的颜色。

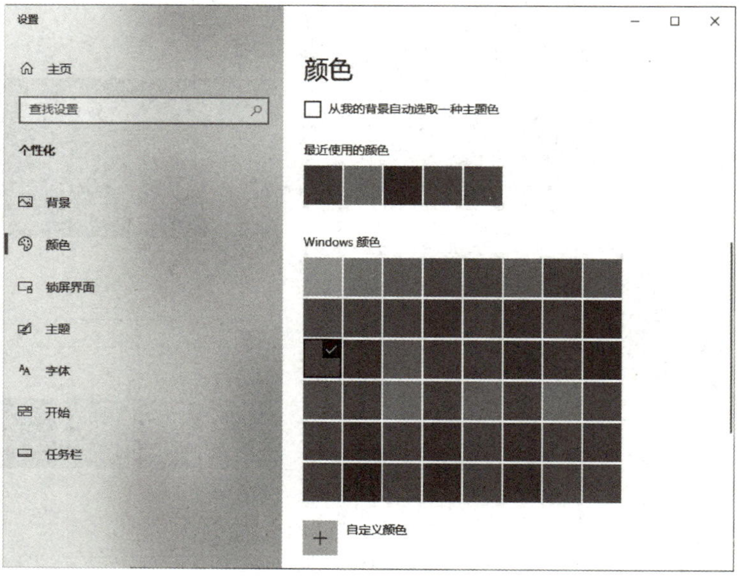

图 1-4 “颜色”设置

若要自定义颜色，则单击“自定义颜色”按钮，将弹出如图 1-5 所示的对话框，选择自己喜欢的颜色，单击“完成”按钮即可。

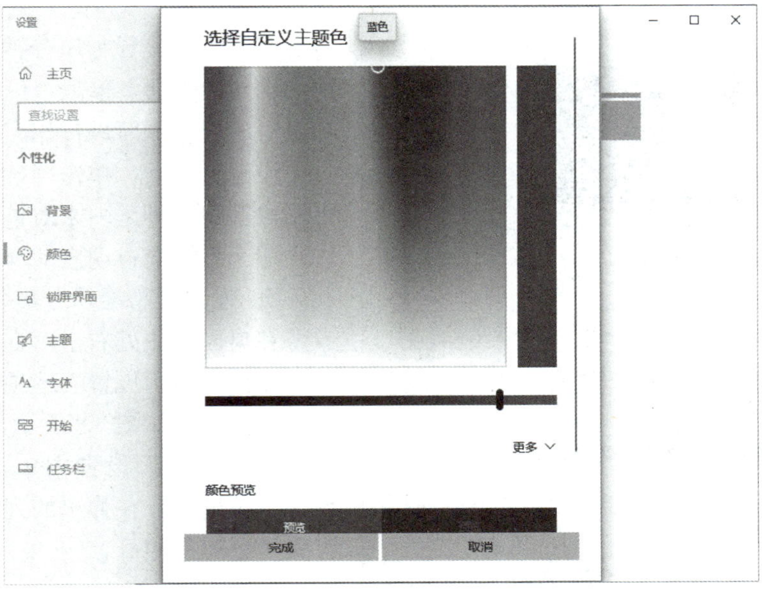

图 1-5　选择自定义主题色

4．设置锁屏界面

在“个性化设置”窗口中，单击“锁屏界面”选项，可进行“锁屏界面”设置，如图 1-6 所示。

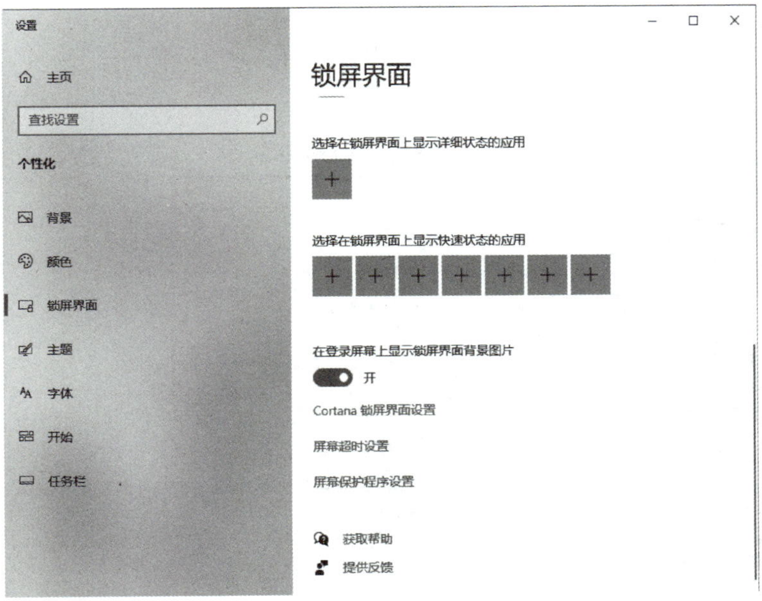

图 1-6　“锁屏界面”设置

单击“屏幕保护程序设置”选项，弹出“屏幕保护程序设置”对话框，如图 1-7 所示。

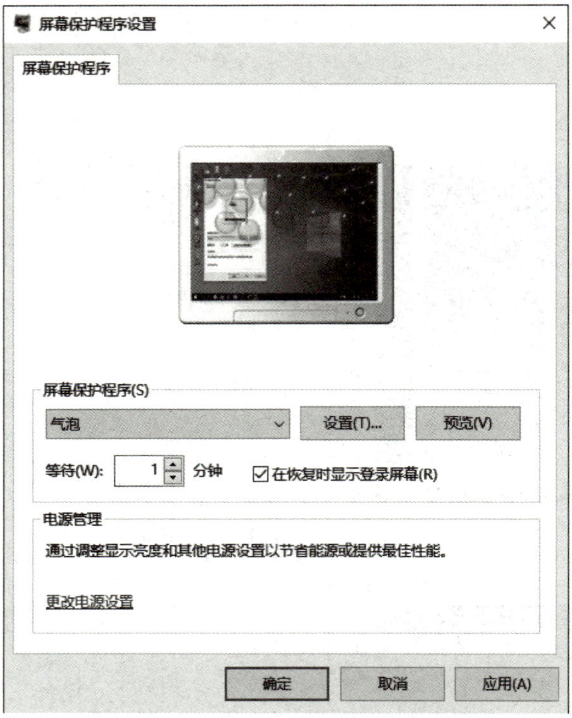

图 1-7 “屏幕保护程序设置”对话框

在“屏幕保护程序”下拉列表框中选择一种系统自带的屏幕保护程序，本例选择“气泡”。在“等待”微调框中设置等待时间，本例设置为 1 分钟。最终设置情况如图 1-7 所示。单击“设置”按钮，还可以对所选的程序进行相应的设置。

设置完成后，单击“确定”按钮。如果用户在 1 分钟之内未对计算机做任何操作，那么系统会自动启动屏幕保护程序。

5. 设置屏幕显示分辨率

在桌面空白处右击，在弹出的快捷菜单中选择“显示设置”选项，打开“系统设置”窗口，如图1-8 所示。

在“显示”设置中单击“显示分辨率”下拉按钮，在弹出的列表中选择需要设置的分辨率即可。

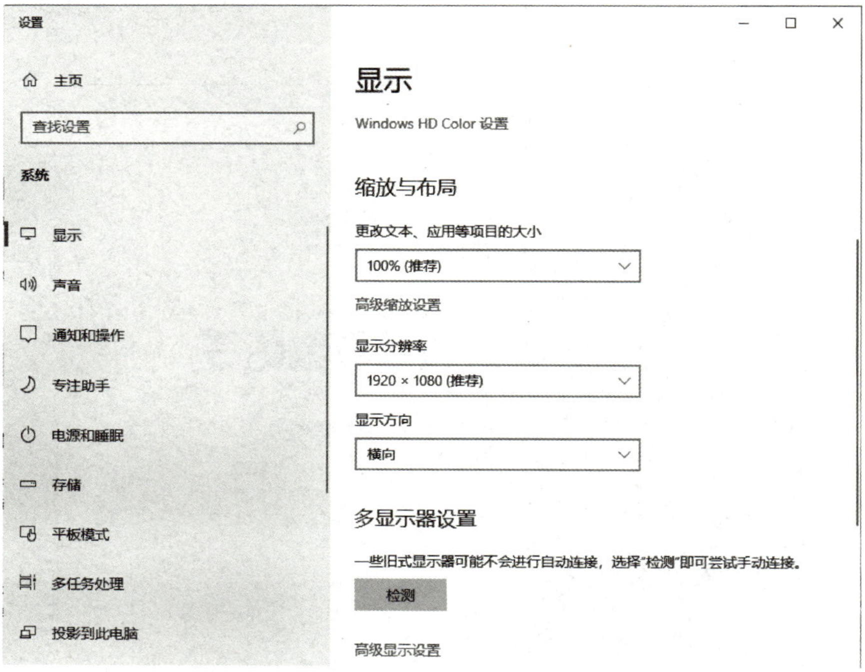

图 1-8 “显示分辨率”设置

6. 设置主题

主题是桌面背景图片、窗口颜色和声音的组合，用户可以根据需要对主题进行设置。

在桌面空白处右击，在弹出的快捷菜单中选择“个性化”选项，弹出“个性化设置”窗口，在其中选择“主题”选项，会显示当前主题效果，如图 1-9 所示。

图 1-9　主题效果

向下滚动浏览，可以看到“更改主题”列表，如图 1-10 所示，单击喜欢的主题即可快速应用。

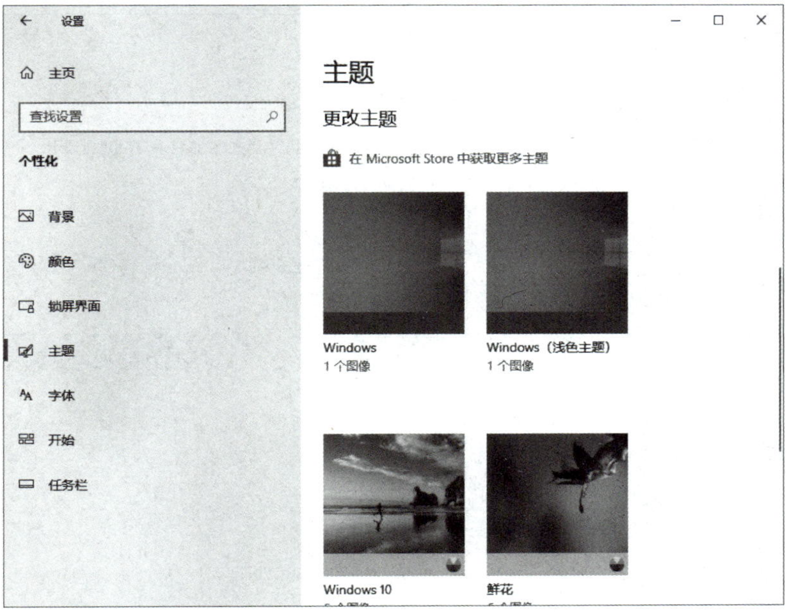

图 1-10　“更改主题”列表

任务二　添加输入法

安装好 Windows 10 操作系统后，系统中自带了几种输入法供用户使用，本任务要求在现有的输入法列表中添加“微软五笔”输入法。

（1）在语言栏上右击“输入法”按钮中，选择“设置”选项，如图 1-11 所示。

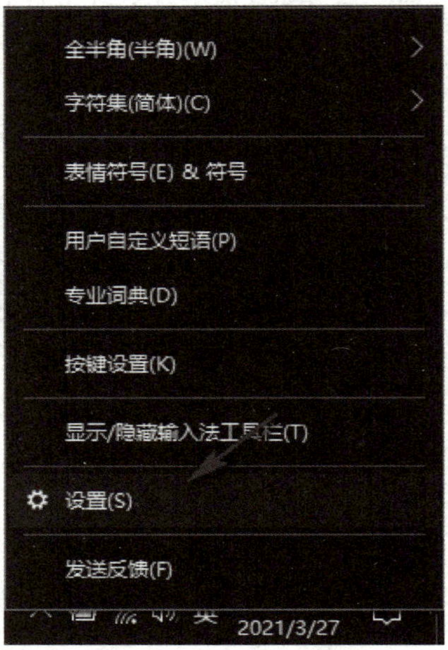

图 1-11　输入法“设置”选项

（2）在打开的“时间和语言设置”窗口中，选择“语言”选项，设置首选语言为“中文 (简体，中国)”，如图 1-12 所示。

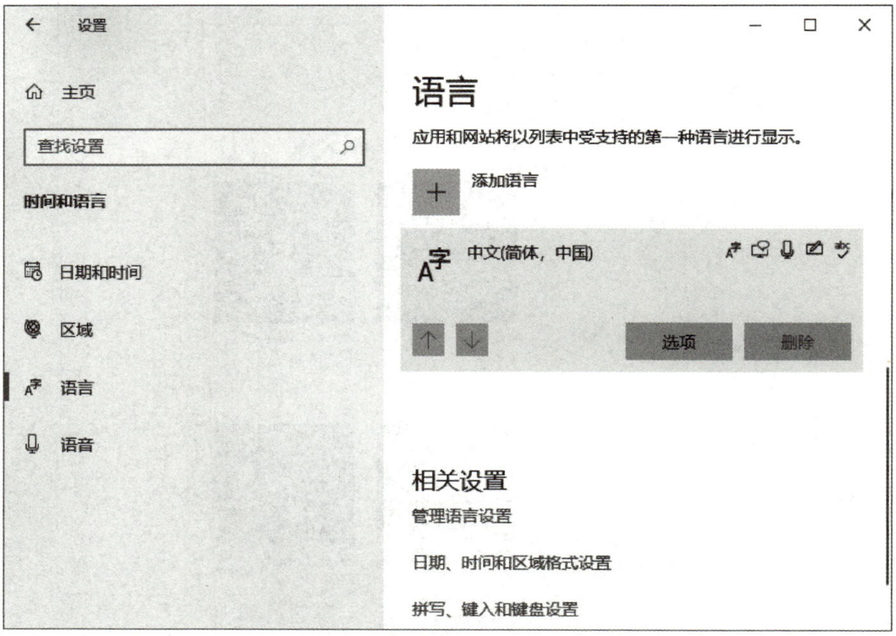

图 1-12　“语言”设置

（3）单击“中文 (简体，中国)”中的“选项”按钮，打开“语言选项：中文 (简体，中国) 设置”窗口，向下拖动滚动条至“键盘”选项，单击“添加键盘”按钮，如图 1-13 所示。

（4）选择“微软五笔”选项，即可完成输入法的添加，如图 1-14 所示。

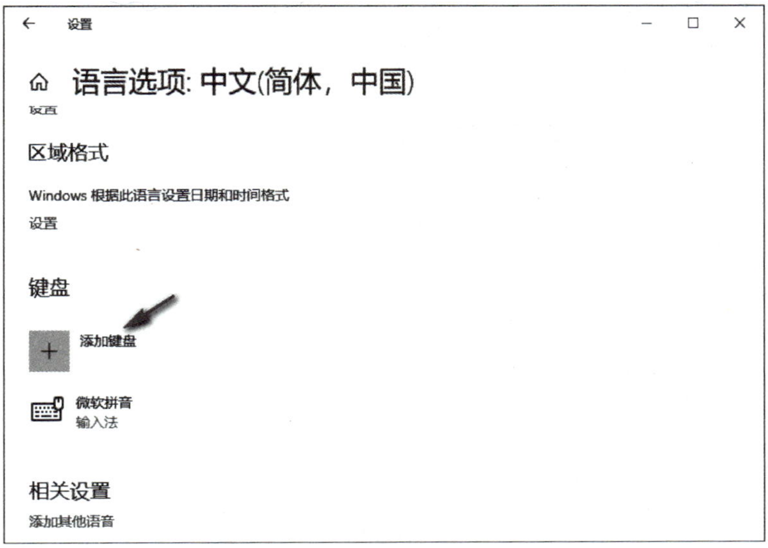

图 1-13　“语言选项：中文(简体，中国)设置”窗口

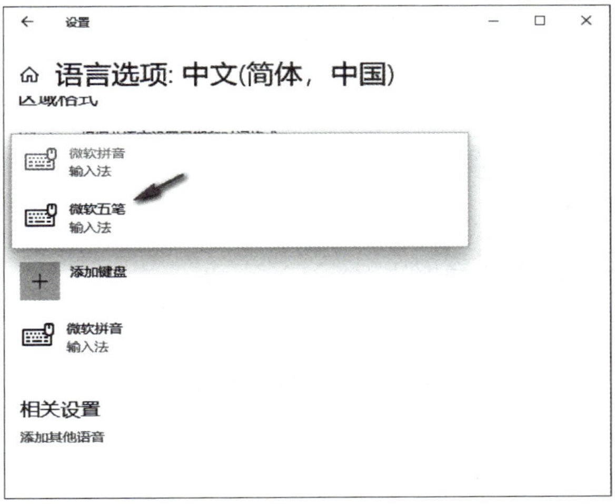

图 1-14　“微软五笔”选项

（5）在语言栏上右击“输入法”按钮，在弹出的列表中可以看到“微软五笔”输入法已添加完成，如图 1-15 所示。

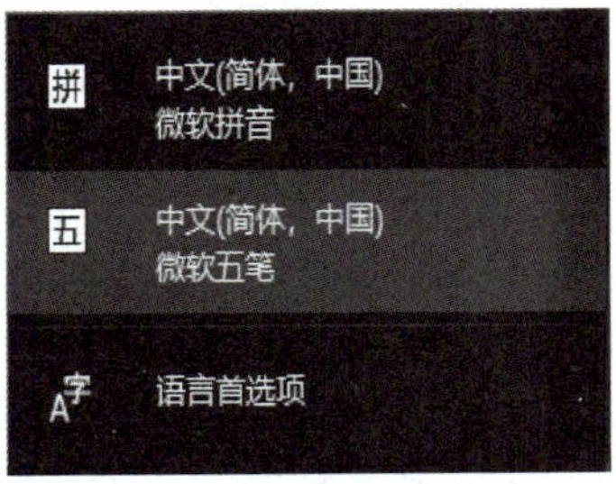

图 1-15　“微软五笔”输入法

（6）打开“语言选项：中文(简体，中国)设置”窗口，单击“微软五笔”→“删除”按钮，即可删除该输入法，如图1-16所示。

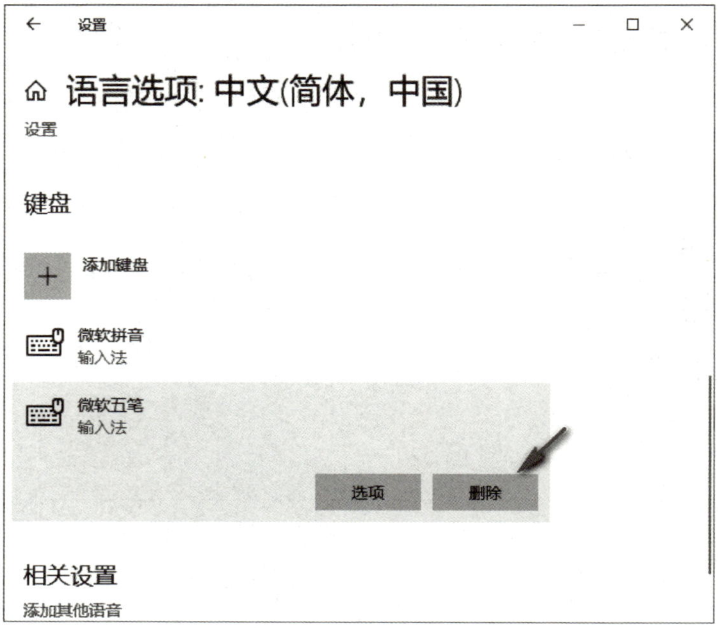

图 1-16　删除“微软五笔”输入法

1.2.2　Windows 10 操作系统文件和文件夹操作

Windows 10 操作系统的文件和文件夹操作包括文件和文件夹的建立、复制、移动、删除、恢复、搜索，以及其他设置操作。

任务一　文件的建立、复制、移动、删除和恢复

打开“此电脑”，在E盘根目录上，完成以下各项实验要求，并按照要求保存相应的文件。

（1）创建名为“班级+姓名”的文件夹，如“材成201王晨宇”，在该文件夹下建立下列文件结构，如图1-17所示。

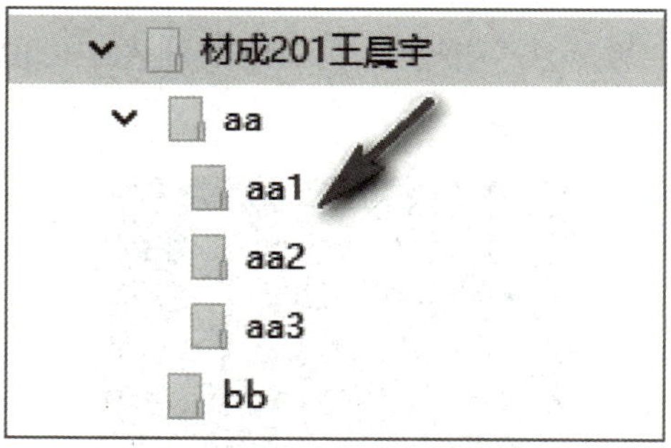

图 1-17　“材成 201 王晨宇”文件夹结构

（2）在“bb”文件夹中新建5个文件，扩展名如图1-18所示。

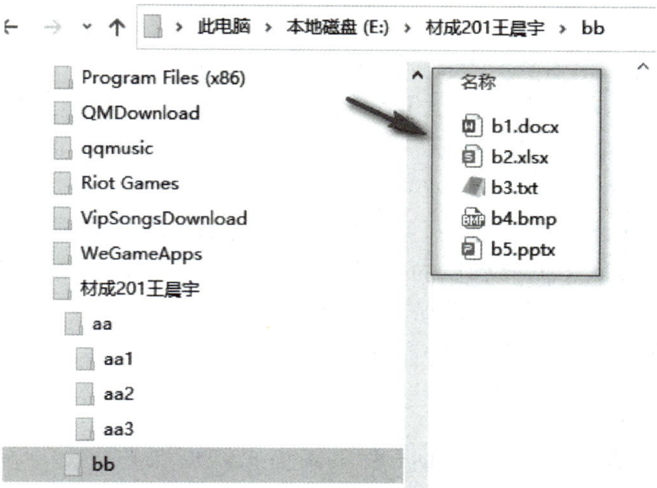

图 1-18　“bb”文件夹下的文件结构

（3）在桌面上为文件夹“材成 201 王晨宇”创建快捷方式，可以使用桌面快捷方式打开该文件夹。

（4）将文件“b1.docx”移动到“aa1”文件夹中。

（5）将文件“b5.pptx”重命名为“幻灯片 .pptx”，并将其复制到“aa1”文件夹下，将其设置为“隐藏”属性。

（6）将文件“b4.bmp”重命名为“画图 .jpg”，并将其移动到“aa2”文件夹下，将其设置为“只读”属性。

（7）删除“aa2”文件夹，再到回收站中查看，并还原该文件夹。

实验步骤如下。

（1）打开 E 盘快捷菜单。在桌面上双击打开“此电脑”，单击“E 盘”，在 E 盘空白处右击，弹出快捷菜单如图 1-19 所示。

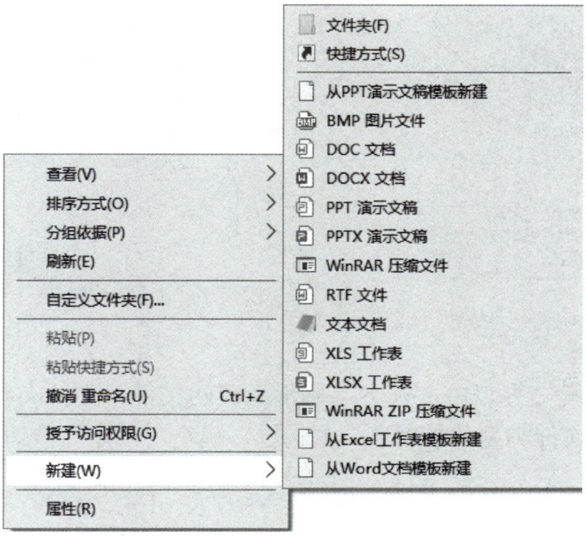

图 1-19　快捷菜单

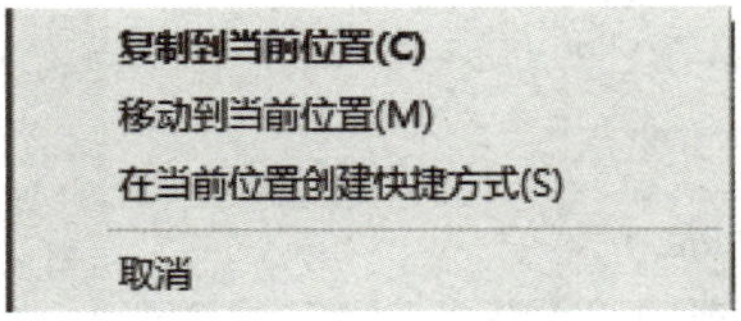

图 1-20　快捷菜单

（2）创建文件和文件夹。利用图 1-19 中的快捷菜单，选择对应的命令，依次完成实验要求 1、2。

（3）创建快捷方式。按住鼠标右键并拖动“材成 201 王晨宇”文件夹至桌面，释放鼠标，弹出快捷菜单，如图 1-20 所示，选择相应命令。

（4）将文件“b1.docx”移动到“aa1”文件夹中。右击要移动的文件“b1.docx”，在弹出的快捷菜单中选择“剪切”选项；找到目标“aa1”文件夹并双击打开，右击文件夹空白处，在弹出的快捷菜单中选择“粘贴”选项即可。

（5）在对应的文件夹中，右击空白处或右击所要操作的对象，打开对应的快捷菜单，依次完成实验要求 5、6、7。

任务二　显示隐藏的文件和文件夹、显示文件扩展名

（1）打开准备显示的文件或者文件夹，在上方选择“查看”选项卡，将光标移动到“选项”按钮处，如图 1-21 所示。

（2）单击“选项”按钮后，弹出“文件夹选项”对话框，如图 1-22 所示，选择“查看”选项卡。

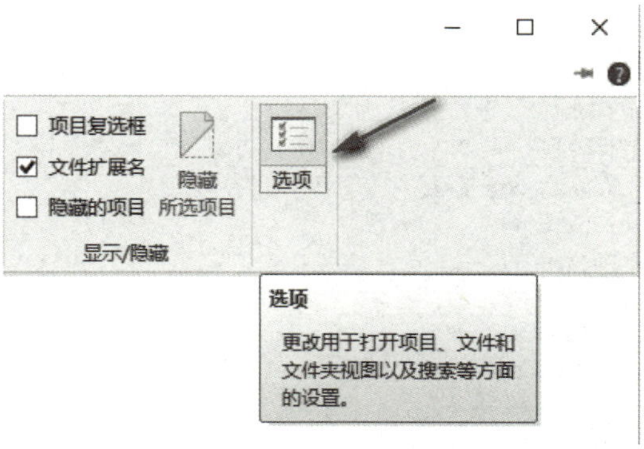

图 1-21　“选项”按钮

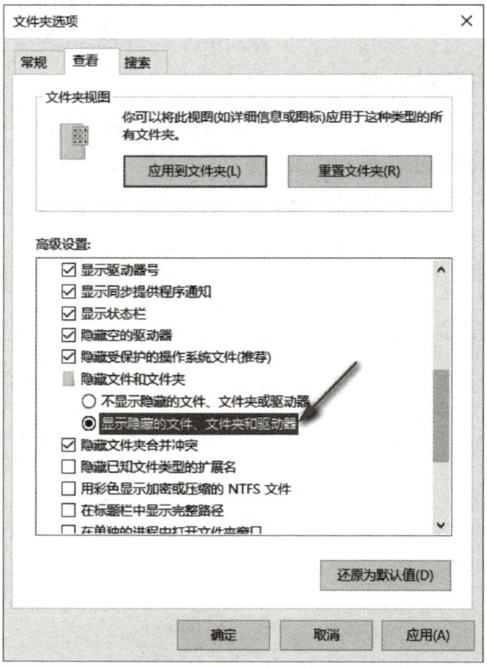

图 1-22　“文件夹选项”对话框

（3）在“高级设置”列表中，选中“显示隐藏的文件、文件夹和驱动器”单选按钮，取消选中“隐藏已知文件类型的扩展名”复选框，单击“确定”按钮完成设置。

任务三　搜索文件：在 E 盘上搜索扩展名为“.txt”的文件

Windows 10 操作系统具有强大的搜索功能，搜索的方法有很多，本例使用“开始”中的“文件资源管理器”来实现。

1. 简单搜索

（1）右击“开始”按钮，在弹出的菜单中选择“文件资源管理器”选项，打开“文件资源管理器”窗口。

（2）单击“文件资源管理器”窗口左侧窗格中的“此电脑”选项，在右上方的“搜索”编辑框内输入“*.txt”，此时，系统开始搜索计算机中扩展名为“.txt”的文件，如图1-23所示。

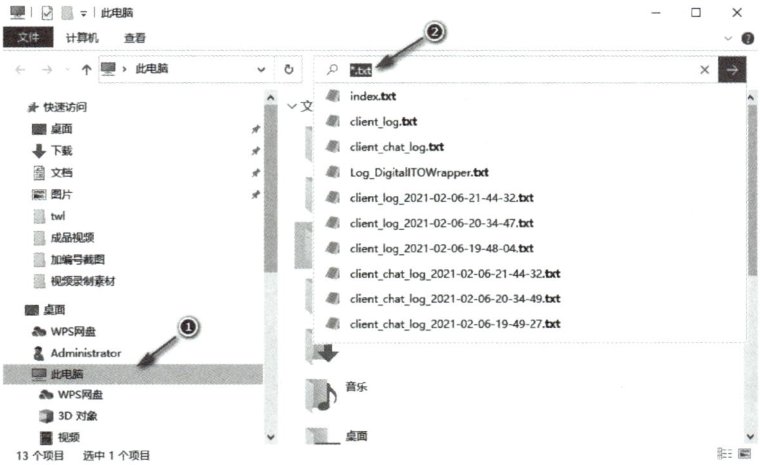

图 1-23　简单搜索

注意：

通配符“*”代表任意多个字符，通配符“？”代表任意一个字符。

2. 高级搜索

在“简单搜索”的结果窗口中，选择“搜索”选项卡，打开“搜索”功能区，如图1-24所示。

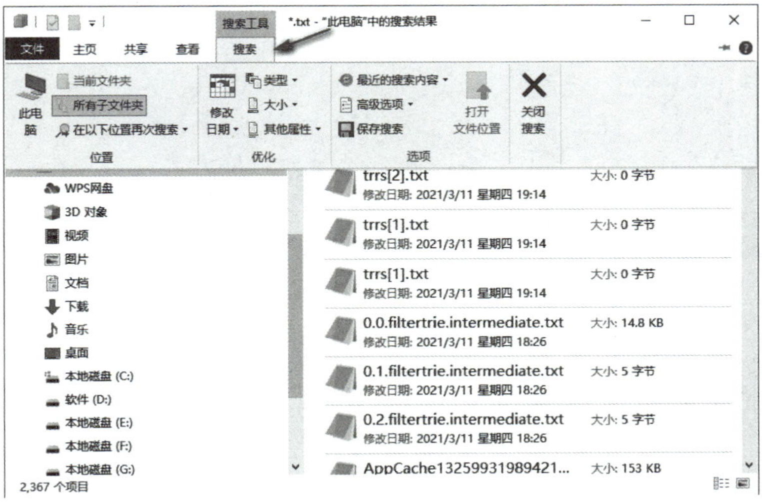

图 1-24　“搜索”功能区

单击“优化”组中的“修改日期”按钮，在弹出的下拉列表中可以选择被搜索文件的修改日期范围；单击“优化”组中的“类型”按钮，在弹出的下拉列表中可以选择被搜索文件的类型；单击“优化”组中的“大小”按钮，在弹出的下拉列表中可以选择被搜索文件的大小范围。

任务四　加密文件或文件夹

对于重要的文件或文件夹，用户可以通过加密的方法来保护其安全。与隐藏的文件和文件夹不同，加密过的文件或文件夹只能被当前用户正常使用，其他用户是无法使用的。本例中要求对文件“个人简历 .docx”进行加密。

（1）选择要加密的文件或者文件夹，如文件“个人简历 .docx”。

（2）右击该文件，在弹出的快捷菜单中单击“属性”选项，打开“个人简历 .docx 属性”对话框，如图 1-25 所示。

（3）选择“常规”选项卡，单击“高级”按钮，弹出“高级属性”对话框，如图 1-26 所示。

图 1-25　“个人简历 .docx 属性”对话框

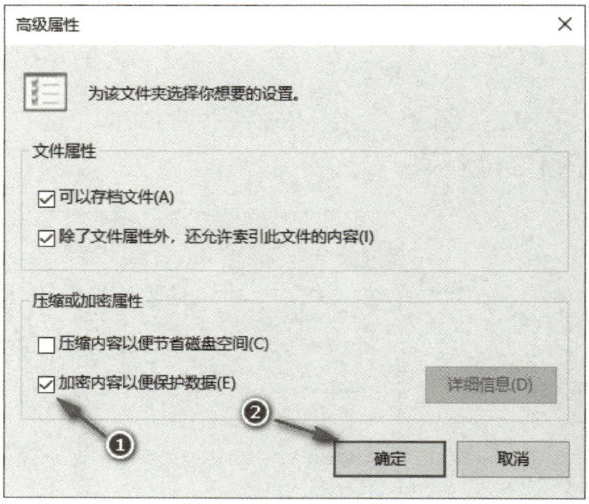

图 1-26　“高级属性”对话框

（4）勾选“加密内容以便保护数据”复选框，单击“确定”按钮，返回上一级“个人简历 .docx 属性”对话框。单击“确定”按钮，弹出“加密警告”对话框，如图 1-27 所示。

（5）在“加密警告”对话框中，可以选择“只加密文件”单选按钮，单击“确定”按钮。加密完成后，文件右上角将出现一个锁定符号，表示此文件加密成功。

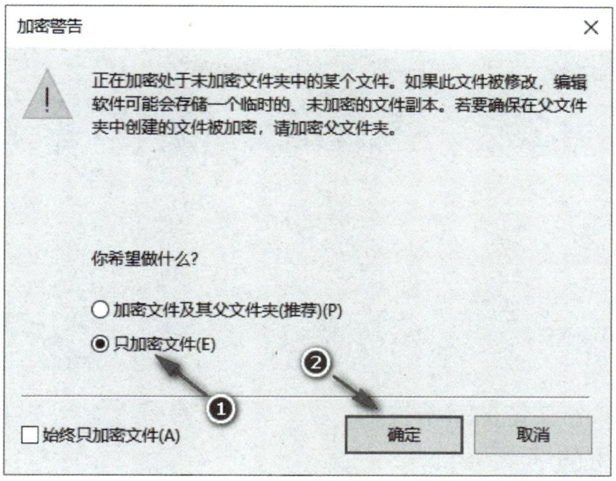

图 1-27　“加密警告”对话框

任务五　解密文件或文件夹

（1）选择已加密的文件“个人简历 .docx”，右击该文件，在弹出的快捷菜单中单击“属性”选项，打开“个人简历 .docx 属性”对话框。

（2）单击“高级”按钮，弹出“高级属性”对话框，如图 1-28 所示。

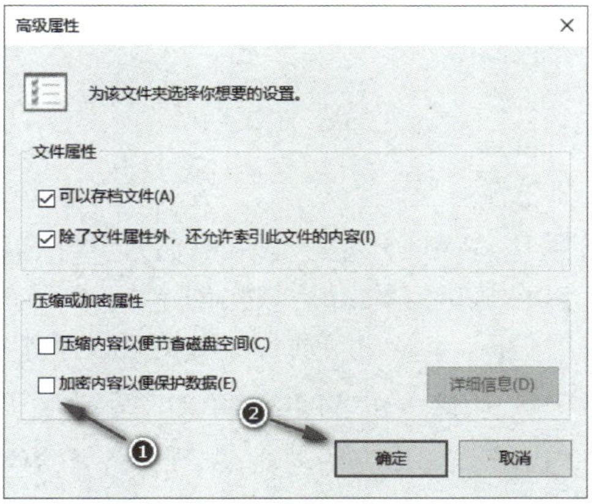

图 1-28　“高级属性”对话框

（3）在“高级属性”对话框的“压缩或加密属性”中，取消选中“加密内容以便保护数据”复选框，再单击“确定”按钮。文件右上角的锁定符号随即消失，表示此文件取消加密。

实验 2　Linux 操作系统

2.1　实验目的

（1）掌握 Linux 操作系统的基本操作。

（2）熟悉用户和组的基本操作。

（3）熟悉目录和文件的基本操作。

（4）熟悉进程管理。

（5）熟悉磁盘的相关操作命令。

2.2　实验内容

2.2.1　用户和用户组操作

任务一　用户组操作

1．创建用户组

新创建的用户组的 id 默认从 500 开始，也可以通过 [-g] 选项指定用户组 id，指定用户组 id 后新创建的用户组 id 会从指定的 id 后依次创建。

（1）启动 Linux 环境，打开命令窗口（或按 Ctrl + Alt + T 组合快捷键）。

（2）在 Linux 系统命令行中输入 groupadd 命令，创建一个用户组。用户组操作如图 2-1 所示。

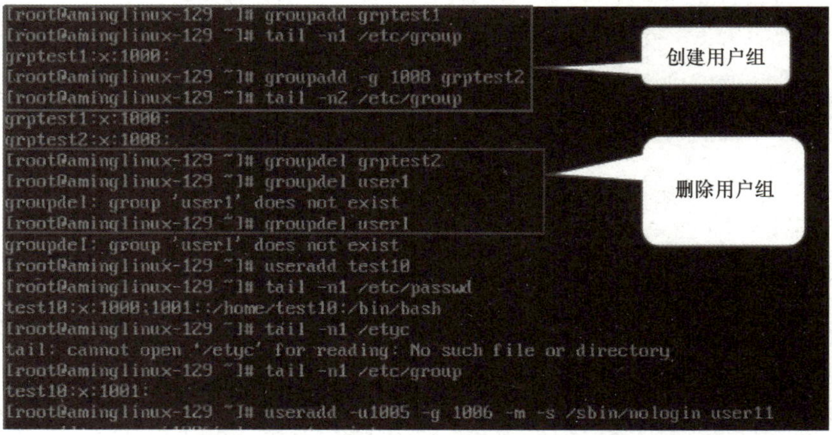

图 2-1　用户组操作

（3）运用 tail 命令，打开 etc 下的 group 文件，创建的用户组都会在里面。

2. 删除用户组

如果用户组中有用户就无法删除该组，删除时会提示“groupdel: cannot remove the primary group of user ‘quagga’”。

（1）启动 Linux 环境，打开命令窗口。

（2）在 Linux 系统命令行中输入 groupdel 命令，删除一个用户组，如图 2-1 所示。

任务二　用户操作

对用户的操作主要包括：创建用户、删除用户、修改用户属性、修改用户密码和切换用户。

1. 创建用户

（1）启动 Linux 环境，打开命令窗口。

（2）在 Linux 系统命令行中输入 useradd 命令，创建一个用户，如图 2-2 所示。

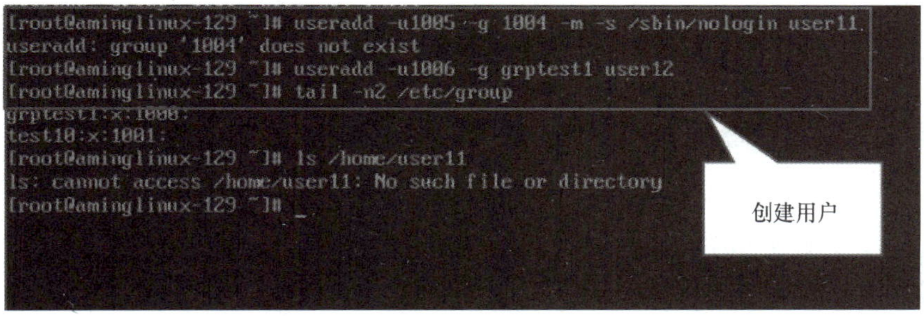

图 2-2　创建用户

2. 删除用户

（1）启动 Linux 环境，打开命令窗口。

（2）在 Linux 系统命令行中输入 userdel 命令（如 #userdel -r user3），删除一个用户。

3. 修改用户属性

（1）启动 Linux 环境，打开命令窗口。

（2）在命令行中输入 usermod 命令（如 #usermod -g 501 grp1），修改用户属性。

4. 修改用户密码

（1）启动 Linux 环境，打开命令窗口。

（2）在命令行中输入 passwd 命令（如 #passwd --stdin fanjinbao），修改用户密码。

注意：

通过上面的命令修改用户密码时，密码是明文显示的。

5. 切换用户

命令及对应功能如下。

su 用户名：shell 环境并没有发生改变。

su - 用户名：shell 环境一并改变过来。

su -：切换到 root 用户。

实验步骤如下。

（1）启动 Linux 环境，打开命令窗口。

（2）在命令行中输入 su 命令（如 #su - -c “mkdir /tmp/nimeide” fanjinbao），切换用户。

说明：

从普通用户切换到 root 用户需要输入 root 用户的密码，从 root 用户切换到普通用户直接切换即可。

2.2.2 目录和文件的基本操作

任务一 切换目录

（1）启动 Linux 环境，打开命令窗口。

（2）在命令行中输入 cd 命令（如 #cd 特殊目录），切换目录。

任务二 新建目录

（1）启动 Linux 环境，打开命令窗口。

（2）在命令行中输入 mkdir 命令，新建目录。

任务三 进程管理的相关命令

（1）启动 Linux 环境，打开命令窗口。

（2）在命令行中输入 top/htop 命令，进行进程管理。

2.2.3 磁盘的相关操作

Linux 中磁盘操作主要分为：检查文件系统的磁盘空间、磁盘的挂载和磁盘的卸载 3 种操作。

任务一 检查文件系统的磁盘空间

检查文件系统的磁盘空间占用情况。

（1）启动 Linux 环境，打开命令窗口。

（2）在命令行中输入 df 命令，检查文件系统的磁盘空间占用情况，如图 2-3 所示。

```
[li@localhost ~]$ df
文件系统                          1K-块      已用       可用 已用% 挂载点
devtmpfs                       65723544         0   65723544    0% /dev
tmpfs                          65745788         0   65745788    0% /dev/shm
tmpfs                          65745788    324120   65421668    1% /run
tmpfs                          65745788         0   65745788    0% /sys/fs/cgroup
/dev/mapper/centos-root      2199886848 168228704 2031658144    8% /
/dev/sda2                       1044992    444416     600576   43% /boot
/dev/sda1                        204580     11436     193144    6% /boot/efi
/dev/mapper/centos-home      3647342528  73189072 3574153456    3% /home
tmpfs                          13149160        64   13149096    1% /run/user/1000
tmpfs                          13149160        52   13149108    1% /run/user/0
[li@localhost ~]$
```

图 2-3 df 命令格式

任务二 磁盘的挂载

（1）启动 Linux 环境，打开命令窗口。

（2）在命令行中输入 mount 命令，进行磁盘的挂载，如图 2-4 所示。

```
[li@localhost ~]$ mount -help

用法：
 mount [-lhV]
 mount -a [选项]
 mount [选项] [--source] <源> | [--target] <目录>
 mount [选项] <源> <目录>
 mount <操作> <挂载点> [<目标>]

选项：
 -a, --all                 挂载 fstab 中的所有文件系统
 -c, --no-canonicalize     不对路径规范化
 -f, --fake                空运行；跳过 mount(2) 系统调用
 -F, --fork                对每个设备禁用 fork(和 -a 选项一起使用)
 -T, --fstab <路径>        /etc/fstab 的替代文件
 -h, --help                显示此帮助并退出
 -i, --internal-only       不调用 mount.<类型> 助手程序
 -l, --show-labels         列出所有带有指定标签的挂载
 -n, --no-mtab             不写 /etc/mtab
 -o, --options <列表>      挂载选项列表，以英文逗号分隔
 -O, --test-opts <列表>    限制文件系统集合(和 -a 选项一起使用)
 -r, --read-only           以只读方式挂载文件系统(同 -o ro)
 -t, --types <列表>        限制文件系统类型集合
     --source <源>         指明源(路径、标签、uuid)
```

图 2-4 mount 命令格式

任务三 磁盘的卸载

（1）启动 Linux 环境，打开命令窗口。

（2）在命令行中输入 umount 命令，进行磁盘的卸载，如图 2-5 所示。

```
[li@localhost ~]$ umount

用法：
 umount [-hV]
 umount -a [选项]
 umount [选项] <源> | <目录>

选项：
 -a, --all                 卸载所有文件系统
 -A, --all-targets         卸载当前名字空间内指定设备
                           对应的所有挂载点
 -c, --no-canonicalize     不对路径规范化
 -d, --detach-loop         若挂载了回环设备，也释放该回环设备
     --fake                空运行；跳过 umount(2) 系统调用
 -f, --force               强制卸载(遇到不响应的 NFS 系统时)
 -i, --internal-only       不调用 umount.<类型> 辅助程序
 -n, --no-mtab             不写 /etc/mtab
 -l, --lazy                立即断开文件系统，所有清理以后执行
 -O, --test-opts <列表>    限制文件系统集合(和 -a 选项一起使用
 -R, --recursive           递归卸载目录及其子对象
 -r, --read-only           若卸载失败，尝试以只读方式重新挂载
 -t, --types <列表>        限制文件系统集合
 -v, --verbose             打印当前进行的操作
```

图 2-5 umount 命令格式

2.2.4 综合实验

任务 Linux 新建用户并赋予文件读 / 写权限

（1）使用用户名和密码登录到 Linux 系统，单击“活动”→“终端”按钮，打开终端

工具。

（2）在命令行中输入 init 命令，并按回车键执行，切换到命令行界面。

（3）在命令行中输入 groupadd test 命令，添加一个名为 test 的用户组，如图 2-6 所示。

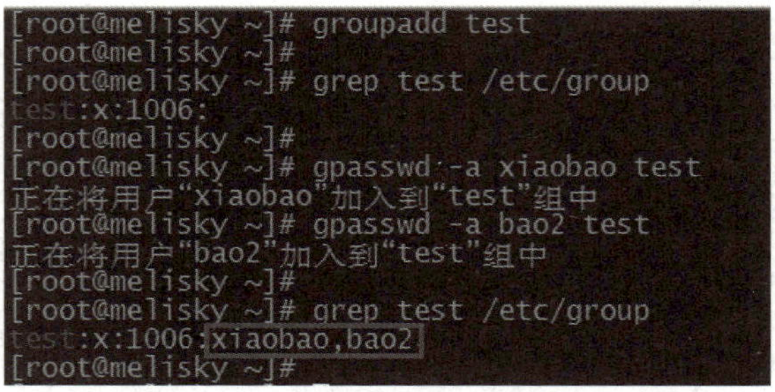

图 2-6　实验操作步骤

（4）使用命令 gpasswd -a xiaobao test 和 gpasswd -a bao2 test，将用户 xiaobao 和 bao2 添加到用户组 test 中。

（5）修改 test 的密码，使用命令 passwd test。

（6）新建一个 mvn 文件夹 mkdir mvn。

（7）使用命令 chown test:xiaobao mvn，为 mvn 文件夹指定所属的用户（xiaobao）和用户组（test）。

（8）使用命令 chmod 750 mvn，为这个 mvn 文件夹赋予读 / 写权限。

实验 3　WPS Office 文字处理

3.1 实验目的

（1）通过制作求职简历，掌握 WPS Office 文字处理软件中的基本操作及表格的使用，掌握图文混排及简单的域操作。

（2）通过文章的排版，掌握 WPS Office 文字处理软件中分栏、制表位、脚注、尾注等操作。

（3）通过毕业论文的排版，了解样式的使用，掌握自动生成目录和图表目录、插入页眉页脚、题注、交叉引用、批注等操作。

（4）通过批量发送邀请函，掌握 WPS Office 文字处理软件中提供的邮件合并功能。

3.2 实验内容

3.2.1 求职简历制作

任务　制作求职简历

求职简历样例如图 3-1 所示。

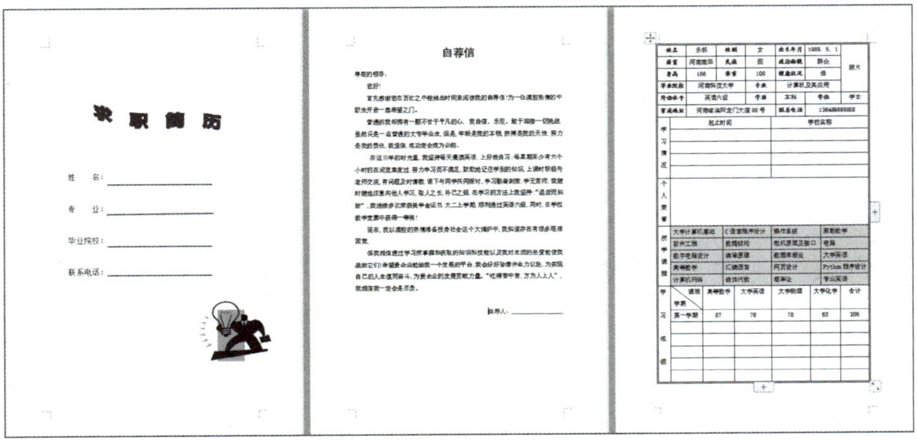

图 3-1　求职简历样例

1. 制作封面

（1）显示格式标记。

启动 WPS Office 文字处理软件，单击左侧导航栏的“新建”按钮，新建一个空白文档，首先显示各种格式标记，方便查看操作状态，具体操作为：单击“文件”按钮，选择“选项”命令，弹出“选项”对话框，首先在该对话框左侧的列表框中选择“视图”选项，然后在“格式标记”组中勾选“全部”复选框，显示所有的格式标记。

（2）插入分页符。

插入两个分页符，具体操作为：单击“插入”选项卡，显示“插入”功能区，在该功能区中单击“分页”按钮，选择“分页符”命令，然后单击“保存”按钮，保存文档。首次保存时，弹出“另存文件”对话框，在对话框中填写存放位置为“E：”、文件名为“求职简历 .docx”、文件类型为“*.docx”，最后单击“保存”按钮，将文档保存。

（3）插入艺术字和文本框。

① 将光标定位到第 1 页的最前面，按三次回车键，产生三个段落标记，然后将光标定位到第 1 个段落标记处，单击“插入”选项卡，在“插入”功能区中单击“艺术字”按钮，根据需要选择艺术字预设样式，一键插入。输入“求职简历”，设置艺术字的“文字环绕”为“嵌入式”，调整大小并拖放到合适的位置。

② 将光标置于第 2 个段落标记处，在“插入”功能区中单击“文本框”按钮，插入横向或竖向文本框。拖动鼠标，画出一个文本框。

③ 选定文本框，单击“+”展开，可根据操作要求进行“布局选项”“形状样式”“形状填充”“形状轮廓”“文字处理”的操作。

④ 参照样例输入“姓名：”“专业：”“毕业院校：”“联系电话：”。

⑤ 设置文字格式为“宋体、三号、蓝色”。

⑥ 定位光标到文本框内“姓名：”的右侧，单击“绘图工具”选项卡，显示“绘图工具”功能区，在该功能区的最左侧选择“直线”，即进入“绘图工具”编辑状态。按住鼠标左键不放，同时移动鼠标即可进行直线的绘制。参照样例在适当位置画出 4 根水平线。

图 3-2 线条的组合

⑦ 先选定文本框，然后按住 Ctrl 键，再依次单击 4 根水平线，使之全部选中；然后移动鼠标到选中对象上，待光标变成✥时右击，在弹出的快捷菜单中选择“组合”命令即可将多个图形组合成一个图形，将图形拖放到适当位置并保存，如图 3-2 所示。

（4）插入图片。

① 将光标置于第 3 个段落标记处，单击“插入”选项卡，显示“插入”功能区，在该功能区中单击“图片”按钮，可选择“本地图片”“扫描仪”“手机传图”等方式插入图片，如图 3-3 所示。

② 双击第 2 行最右侧的“免费”图片，将图片插入文档。

③ 单击刚刚插入的“图片”，弹出“设置图片格式”工具栏，如图 3-4 所示，包括布局选项、裁剪图片、图片预览等功能。

2. 录入自荐信并排版

（1）定位光标到第 2 页，插入本书配套素材文件夹中的“自荐信文本 .txt”中的内容。

（2）选中标题“自荐信”，设置文字格式为“黑体、二号、居中”。

图 3-3　插入图片方式

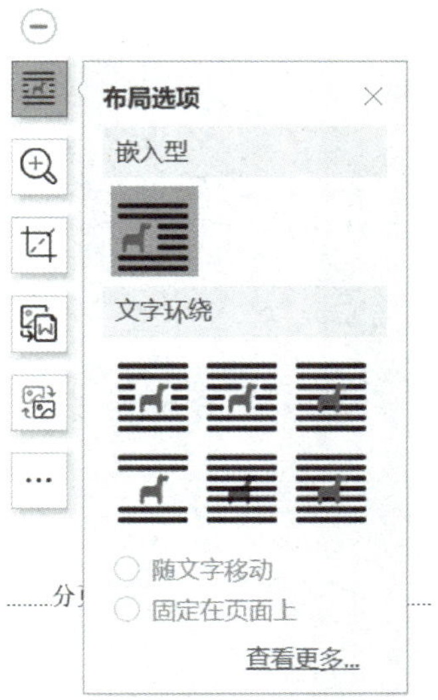

图 3-4　“设置图片格式”工具栏

（3）选定该页除标题之外的其他文字，设置文字格式为“宋体、小四、1.5 倍行距”。

（4）选定正文第 2 段至倒数第 2 段的内容，设置段落格式为“首行缩进 2 字符”。

（5）将正文最后一段“自荐人：”设置为右对齐，并输入下画线（在英文状态下，按 Shift + - 组合快捷键）。

（6）定位光标到第 3 页，创建表格。

3. 创建表格 1

不规则表格一般是通过对规则表格的合并与拆分来实现的。如图 3-5 所示的表格可以看成是由一个 6 行 7 列的表格变化形成的。

姓名	乐帆	性别	女	出生年月	1989. 5. 1	照片
籍贯	河南南阳	民族	回	政治面貌	群众	
身高	166	体重	108	健康状况	佳	
毕业院校	河南科技大学		专业	计算机及其应用		
外语水平	英语六级		学历	本科	学位	学士
家庭地址	河南省洛阳龙门大道 88 号			联系电话	13649988888	

图 3-5　“表格 1”样例

（1）单击“插入”选项卡，显示“插入”功能区，在该功能区中单击“表格”按钮，在菜单中直接选取 6 行 7 列，如图 3-6 所示。

（2）选定第 4 行的第 2 个和第 3 个单元格，单击“表格工具”选项卡，显示“表格工具”功能区，在该功能区中单击“合并单元格”按钮，如图 3-7 所示。采用同样的方法，可进行其他合并单元格的操作。

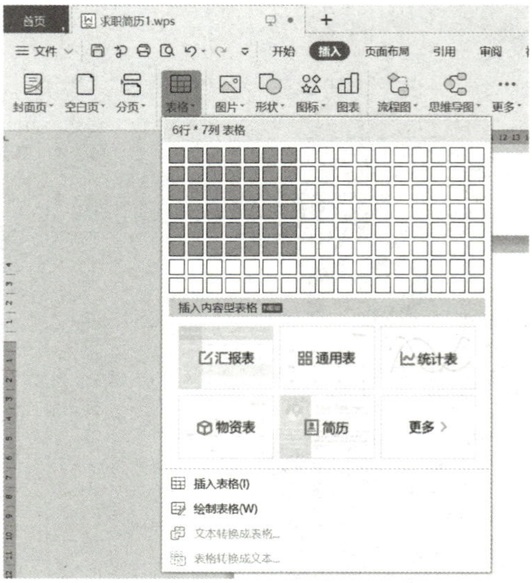

图 3-6　插入表格

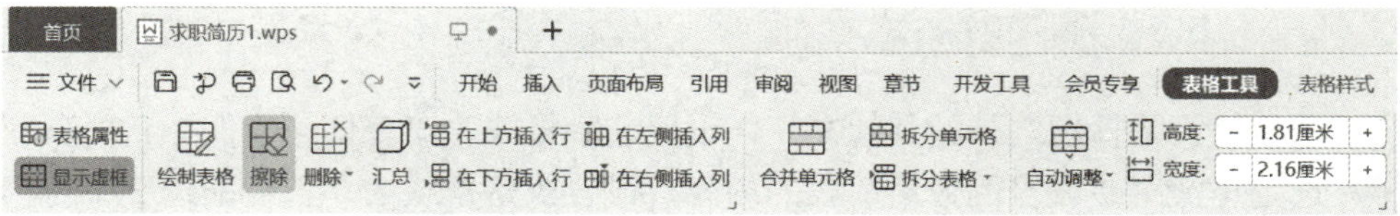

图 3-7　合并单元格

（3）选定第 3 列的前 3 个单元格，将光标置于单元格区域的右侧边框线上，使光标变成调整宽度光标，按住鼠标左键，向左拖动适当距离，使之刚好容纳文字，参照样例对其他单元格进行类似操作。

（4）选定整个表格，单击“表格工具”功能区的“表格属性”按钮，弹出“表格属性”对话框，如图 3-8 所示，在“行”选项卡中将行高设置为“0.9 厘米”。

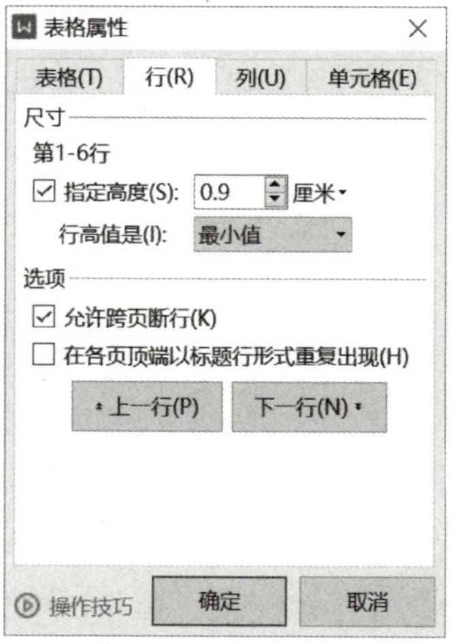

图 3-8　“表格属性”对话框

（5）设置标题文本为“黑体、加粗”，内容文本字体为“楷体”并保存。

4. 创建表格 2

从整体上看，第 2 张表格是一个 3 行 2 列的表格，如图 3-9 所示。

<table>
<tr><td rowspan="5">学习情况</td><td colspan="2">起止时间</td><td colspan="2">学校名称</td></tr>
<tr><td colspan="2">1995.09--1998.06</td><td colspan="2">河南洛阳市第一实验小学</td></tr>
<tr><td colspan="2">1998.09--2000.06</td><td colspan="2">河南洛阳市第二实验中学</td></tr>
<tr><td colspan="2">2000.09--2013.06</td><td colspan="2">河南洛阳市第一高级中学</td></tr>
<tr><td colspan="2">2013.09--2017.06</td><td colspan="2">河南科技大学</td></tr>
<tr><td>个人荣誉</td><td colspan="4">略……</td></tr>
<tr><td rowspan="5">所学课程</td><td>大学计算机基础</td><td>C 语言程序设计</td><td>操作系统</td><td>离散数学</td></tr>
<tr><td>软件工程</td><td>数据结构</td><td>微机原理及接口</td><td>电路</td></tr>
<tr><td>数字电路设计</td><td>编译原理</td><td>数据库概论</td><td>大学英语</td></tr>
<tr><td>高等数学</td><td>汇编语言</td><td>网页设计</td><td>Python 程序设计</td></tr>
<tr><td>计算机网络</td><td>线性代数</td><td>概率论</td><td>专业英语</td></tr>
</table>

图 3-9 “表格 2”样例

（1）在第 1 张表格外部的下方按回车键，产生一个新的段落标记，然后单击“插入”选项卡，显示“插入”功能区，在该功能区中单击“表格”按钮，绘制 3 行 2 列的表格。

（2）选择第 1 列，设置合适列宽，然后单击“表格工具”功能区的“文字方向”按钮，弹出“文字方向”对话框，如图 3-10 所示，选择对应的文字方向。

（3）设定各行行高为合适大小。

（4）将光标置于第 1 行靠右的单元格。

（5）单击“表格工具”功能区的“拆分单元格”按钮，弹出“拆分单元格”对话框，如图 3-11 所示。将列数、行数分别设置为 2 列、5 行，然后单击“确定”按钮。

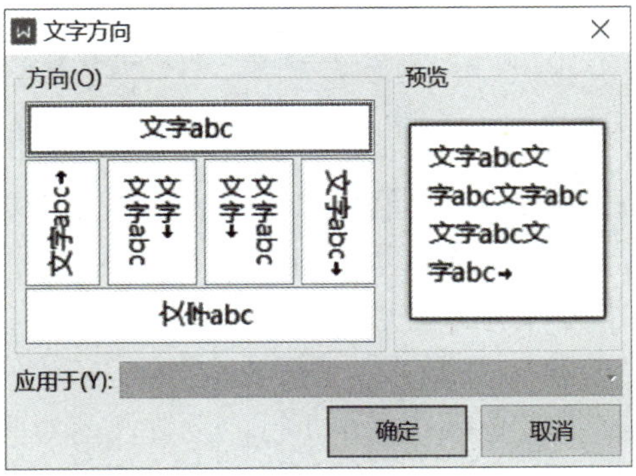

图 3-10 “文字方向”对话框

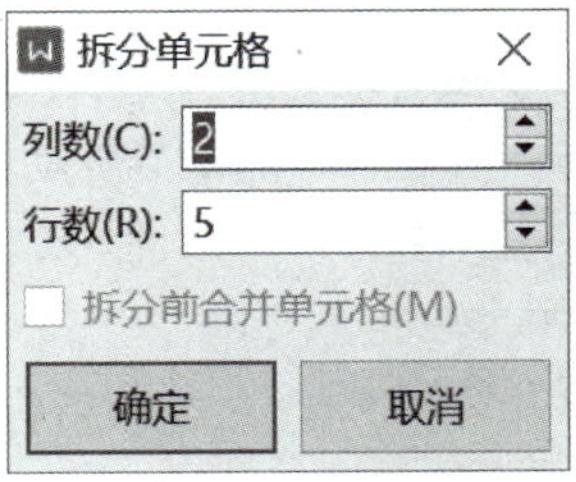

图 3-11 “拆分单元格”对话框

（6）参照图 3-9 输入表格中的文字，单击“保存”按钮，保存文档。

5. 创建表格 3

从整体上看，第 3 张表格是一个 7 行 7 列的表格，如图 3-12 所示。

学习成绩	课程 / 学期	高等数学	大学英语	大学物理	大学化学	合计
	第一学期	87	76	78	64	305
	第二学期	67	89	98	67	321
	第三学期	68	87	89	84	328
	第四学期	68	96	82	82	328
	第五学期	93	83	85	93	354
	第六学期					1636

图 3-12　“表格 3”样例

（1）在第 2 张表格外部下方按回车键，产生一个新的段落标记，然后单击“插入”选项卡，显示“插入”功能区，在该功能区中单击“表格”按钮，选择“插入表格”命令，如图 3-13 所示。

（2）在“插入表格”对话框中，选择列数为 7 列、行数为 7 行，然后选中“自动列宽”单选按钮，单击“确定”按钮，如图 3-14 所示。

图 3-13　插入表格

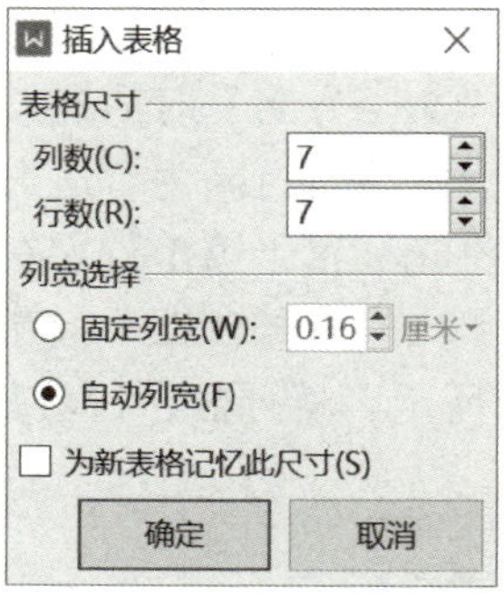

图 3-14　“插入表格”对话框

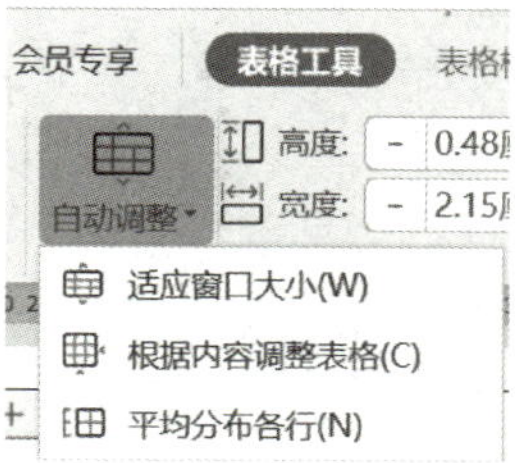

图 3-15　“自动调整”菜单

（3）先在表格内输入内容，然后单击“表格工具”功能区的“自动调整”按钮，如图 3-15 所示，选择“根据内容调整表格”命令，调整各列大小为合适的宽度。

（4）将光标置于第 2 列第 1 行单元格，按回车键，产生一个新行。在该单元格中将光标移到第 1 行，设置段落对齐方式为“右对齐”；将光标移到第 2 行，设置段落对齐方式为“两端对齐”。

（5）将光标置于第 2 列第 1 行单元格，单击“表格样式”选项卡，显示“表格样式”功能区，在该功能区中单击“绘制斜线表头”按钮，弹出“斜线单元格类型”对话框，在该对话框中选择所需的斜线类型，单击“确定”按钮，如图 3-16 所示。

（6）选定第 2 行到第 7 行的所有单元格，设置行高为 0.75 厘米。

（7）选定第 1 列的所有单元格，单击“表格工具”选项卡，显示“表格工具”功能区，在该功能区中单击“合并单元格”命令，按图 3-12 所示输入内容，然后在“表格工具”功能区中，单击“文字方向”按钮，选择合适的文字方向，单击“保存”按钮，保存文档。

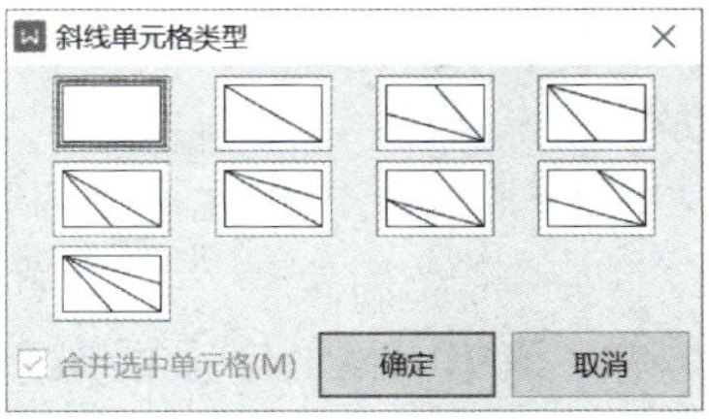

图 3-16　“斜线单元格类型”对话框

6．合并与修饰表格

（1）将光标置于第 1 张表格和第 2 张表格之间的段落标记处，按 Delete 键，将两张表格合并。

注意：

若未能成功合并表格，请先将光标定位到表格中，然后单击“表格工具”选项卡，在“表格工具”功能区中单击“表格属性”按钮，弹出“表格属性”对话框，在该对话框中选择“表格”选项卡，调整待合并表格的“对齐方式”和“文字环绕”为相同的设置后再进行合并操作即可。

（2）设置表格右侧框线对齐，可以长按鼠标左键并拖动第 1 张表格和第 2 张表格的右侧框线，使之对齐。采用同样的方法合并第 3 张表格。

（3）选定整个表格，单击“表格样式”选项卡，在“表格样式”功能区单击“边框”按钮，选择“边框和底纹”命令，弹出“边框和底纹”对话框，在该对话框的“边框”选项卡中选择“方框”按钮，在“线型”列表框中选择合适的线型，在宽度数值框中设置宽度为“1.5 磅”，如图 3-17 所示。

（4）选定表格第 6 行，在“表格样式”功能区单击“边框”按钮，选择“下框线”命令，用同样的方法，设置其他边框，单击“保存”按钮，保存文档。

7．表格中的公式

（1）将光标置于“合计”单元格下方的空白单元格，单击“表格工具”选项卡，在“表格工具”功能区右侧单击“*fx* 公式”按钮，弹出“公式”对话框，如图 3-18 所示。

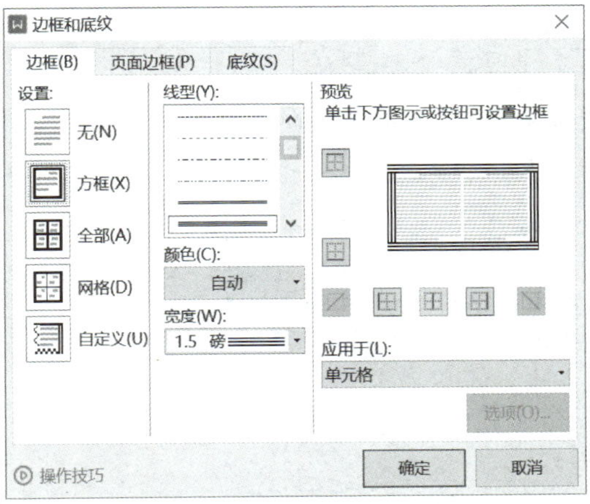

图 3-17　“边框和底纹”对话框

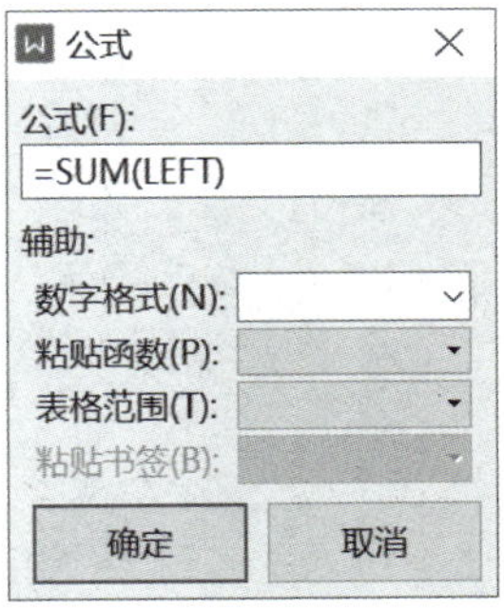

图 3-18　“公式”对话框

（2）公式文本框默认会出现“= SUM(LEFT)”，单击“确定”按钮，将自动计算出结果。

（3）选中公式单元格的内容并复制，然后粘贴至其他学期的“合计”单元格。

（4）将光标置于“第二学期”的“合计”单元格中，使数字出现灰色底纹，然后按 F9 键，该单元格数字会根据左侧数据自动重新计算。采用同样的方法可计算其他学期的“合计”。

（5）保存该文档。

3.2.2 文章的排版

任务 编辑科技论文

参照本书配套素材文件夹中的样本，按照下列要求编辑一篇科技论文。

（1）页面设置：设置上边距、下边距、左侧距、右侧距分别为 3.0 厘米、2.2 厘米、2.2 厘米、2.2 厘米，纸张类型为 A4 幅面，页脚距边界 1.4 厘米，论文页面只指定行网格（每页 42 行）。

（2）字体、段落的设置：从“张东明”到“轮廓描述”之间内容的格式为首行缩进 0 字符，字号为小五号；其中，中英文作者姓名字号为小四号，均居中；摘要、关键字、中图分类号等中英文内容的第一个词（冒号前面的部分）设置为加粗。自“轮廓描述”到文档末尾内容的样式为对称两栏、五号宋体、首行缩进 2 字符、行距 0.9 倍。

（3）红色字体为论文的一级标题，样式为三号黑体、红色、居中。

（4）绿色字体为论文的二级标题，样式为四号黑体、绿色、加粗、左对齐；段落行距为 1.25 倍行距，段前、段后间距均为 0.5 磅；对应的项目编号格式为“1、”“2、”“3、”等。

（5）蓝色字体为论文的三级标题，样式为小四号黑体、蓝色、左对齐；段落行距为固定值 18 磅，无段前、段后间距；对应的多级列表格式为“2.1”“2.2”等。

（6）题注格式均为小五号黑体、居中。对其中的图与表分别设置相关的交叉引用关系；删除红色的原手工题注。

（7）参考文献采用项目编号，格式为 [序号]。

（8）将 WPS 文档格式转换为 PDF 格式。

实验步骤如下。

1. 设置页面

单击“页面布局”选项卡，显示“页面布局”功能区，在该功能区中单击“页面设置”对话框启动器按钮，如图 3-19 所示。

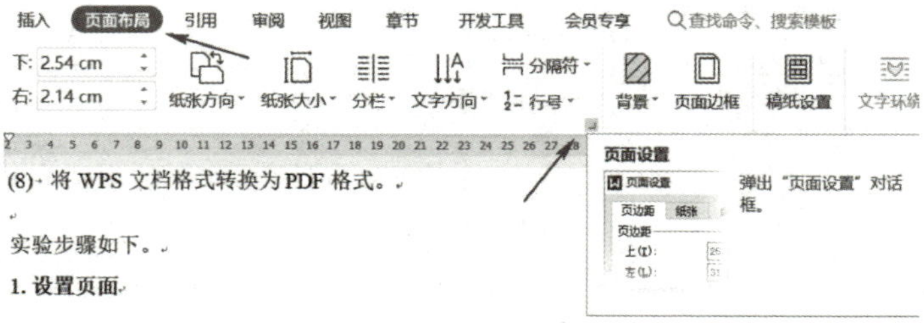

图 3-19 “页面设置”对话框启动器按钮

在弹出的“页面设置”对话框中有 5 个选项卡，可按要求找到相应的设置对象，如图3-20 所示。

2. 设置正文格式

（1）选定从“张东明”到“轮廓描述”之间的文本内容，单击“开始”选项卡，在“开始”功能区单击“段落”对话框启动器按钮，弹出“段落”对话框，设置“缩进”，如图 3-21 所示。

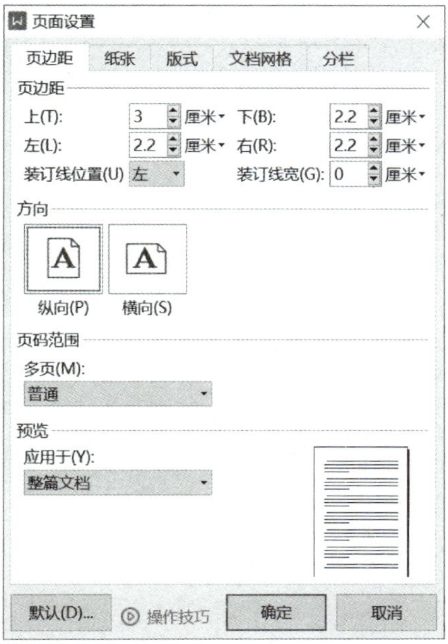

图 3-20　“页面设置”对话框

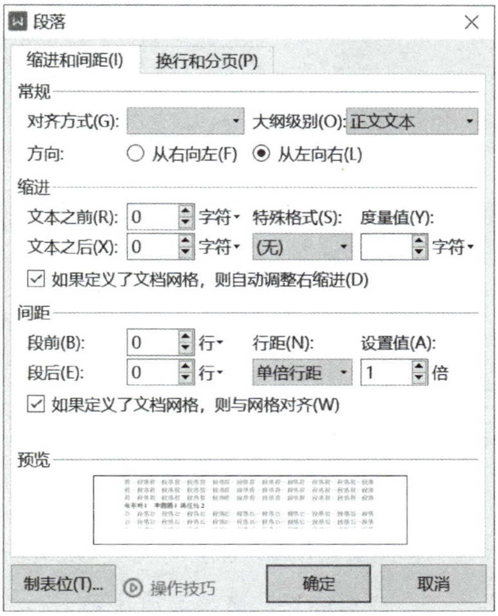

图 3-21　“段落”对话框

（2）选定从“张东明”到“轮廓描述”之间的内容，单击“开始”选项卡，在“开始”功能区单击“字体”对话框启动器按钮，弹出“字体”对话框，按要求设置“字号”，如图 3-22 所示。

（3）选定从“轮廓描述”到文档末尾的内容，单击“页面布局”选项卡，在“页面布局”功能区单击“分栏”按钮，选择“两栏”命令，如图 3-23 所示。其他设置请参考前两步操作。

3. 设置一级标题

单击“开始”选项卡，在“开始”功能区单击“样式”按钮，打开“预设样式”列表框，在该列表框中选择“新建样式”命令，弹出“新建样式”对话框，在“新建样式”对话框的“名称”文本框中填写“我的一级标题”作为样式名称，然后单击对话框左下角的“格式”按钮，按

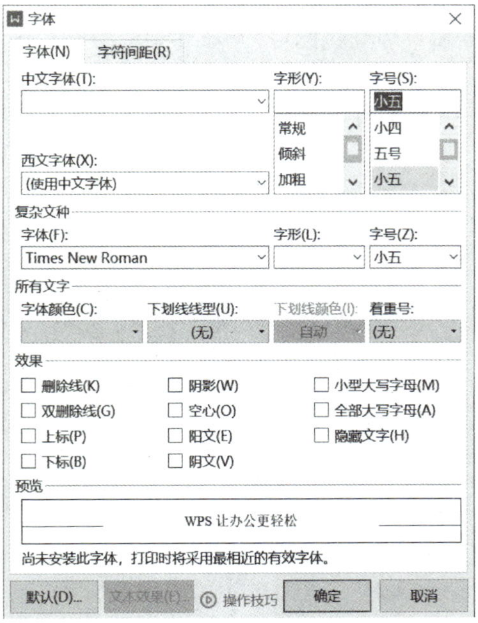

图 3-22　“字体”对话框

要求进行其他设置，如图 3-24 所示。

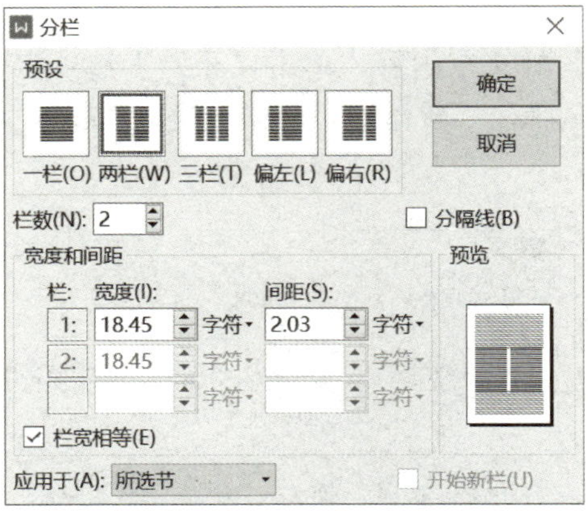

图 3-23 “分栏”对话框

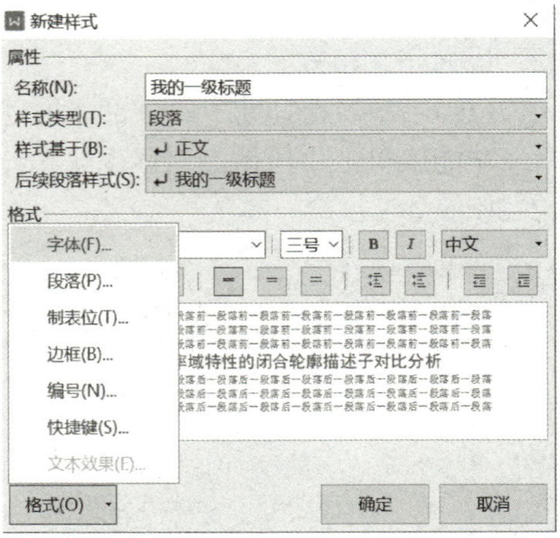

图 3-24 设置一级标题

4. 设置二级标题

单击窗口右侧“任务窗格切换”中的“样式和格式”按钮，打开“样式和格式”任务窗格，在该窗格中单击“新样式”按钮，弹出“新建样式”对话框，填写样式名称，然后按要求进行其他设置，如图 3-25 所示，单击对话框左下角的“格式”按钮，选择“段落”命令，可进行“行距”和“间距”的设置。

5. 设置三级标题

请参照“设置二级标题”步骤完成。

6. 设置编号和多级项目符号

（1）单击窗口右侧“任务窗格切换”中的“样式和格式”按钮，打开“样式和格式”任务窗格，在该窗格中单击“我的二级标题”按钮，选择“修改”命令，如图 3-26 所示，弹出“修改样式”对话框。

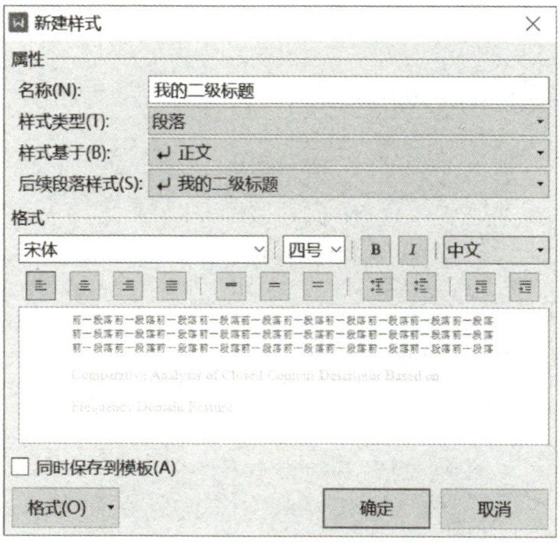

图 3-25 设置二级标题

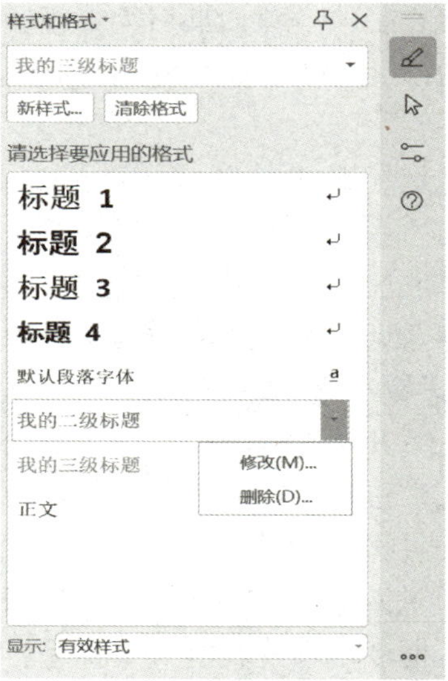

图 3-26 “样式和格式”任务窗格

（2）在“修改样式”对话框中单击左下角的“格式”按钮，选择“编号”命令，弹出“项目符号和编号”对话框，如图 3-27 所示。

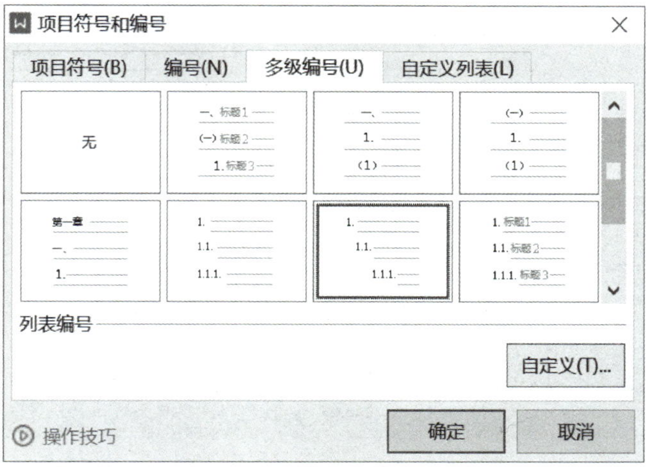

图 3-27　“项目符号和编号”对话框

（3）为多级编号和标题样式之间建立链接，在该对话框中选择适当的多级编号，然后单击右下角的“自定义”按钮，由于一级标题无编号，因此先删除一级标题的编号，然后设置“将级别链接到样式”，如图 3-28 所示。

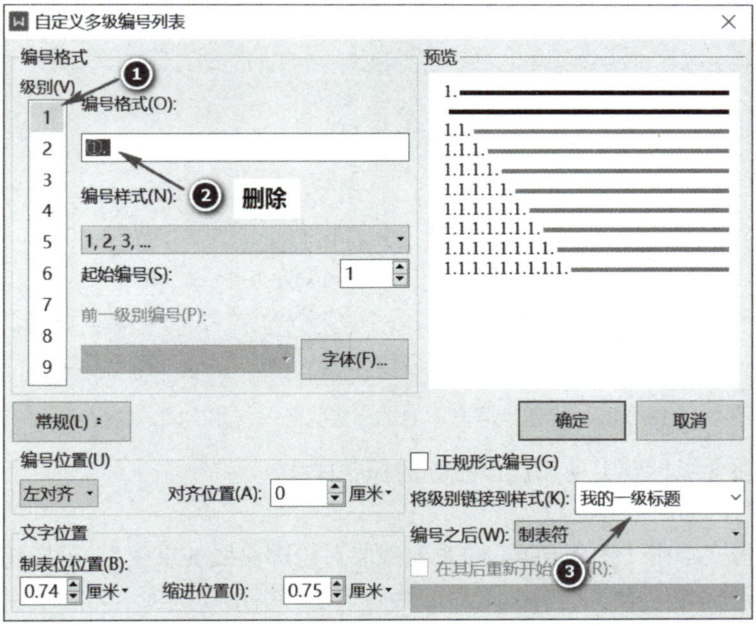

图 3-28　多级编号与“我的一级标题”样式之间的链接

（4）设置二级标题的编号。将多级编号与“我的二级标题”样式建立链接，如图 3-29 所示。

（5）设置三级标题的编号。将多级编号与“我的三级标题”样式建立链接，如图 3-30 所示。

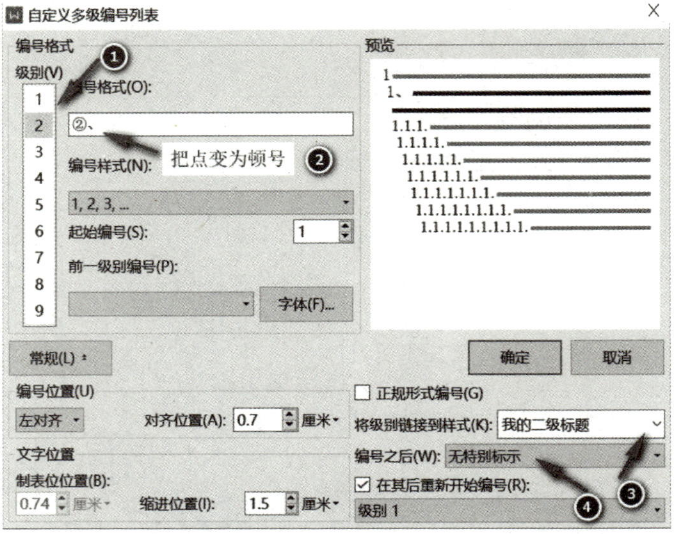

图 3-29　多级编号与“我的二级标题”样式之间的链接

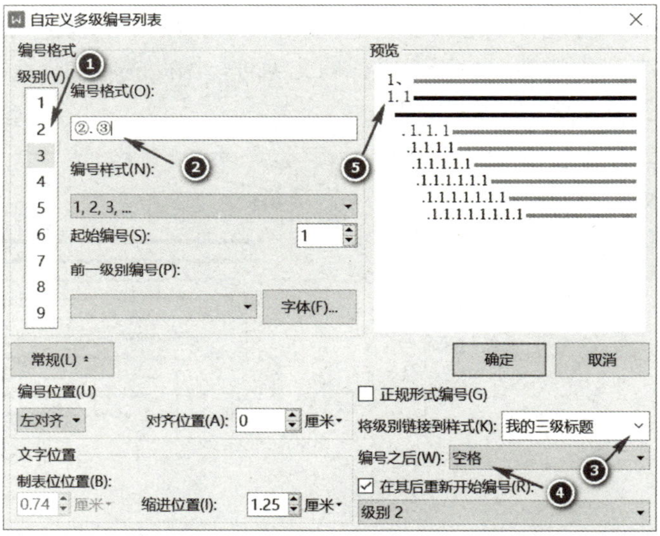

图 3-30　多级编号与“我的三级标题”样式之间的链接

最后分别在各级标题上使用已设置好的标题样式。

7．插入题注

（1）先单击文章中“图 1 FD 不同系数截取对轮廓曲线的重建”，若操作正确，则该图左上角会出现✥标记，表示选中了图片，然后单击“引用”选项卡，在“引用”功能区单击“题注”按钮，弹出“题注”对话框。

（2）在该对话框中单击“新建标签”按钮，弹出“新建标签”对话框，在“标签”文本框中输入“图”，然后单击“确定”按钮，返回“题注”对话框。

（3）在“题注 (C)”下方的文本框中输入“图 1 FD 不同系数截取对轮廓曲线的重建”。

（4）在“位置”下拉列表中选择标题的位置为“所选项目下方”（表格一般选择“所选项目上方”）。

（5）单击“编号”按钮弹出“题注编号”对话框，不勾选“包含章节编号”复选框，单击“确定”按钮，返回“题注”对话框，如图 3-31 所示。

8. 插入交叉引用

（1）将光标定位到待插入交叉引用处，即定位到文字“实验结果如”的后面。

（2）单击“引用”功能区的“交叉引用”按钮，弹出“交叉引用”对话框。

（3）在“引用类型”下拉列表中选择“图”选项。

（4）在“引用内容”下拉列表中选择“只有标签和编号”选项。

（5）单击“插入”按钮，如图 3-32 所示。

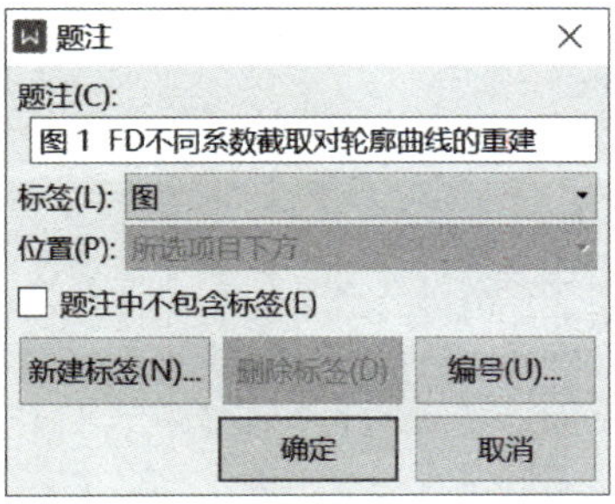

图 3-31　“题注”对话框

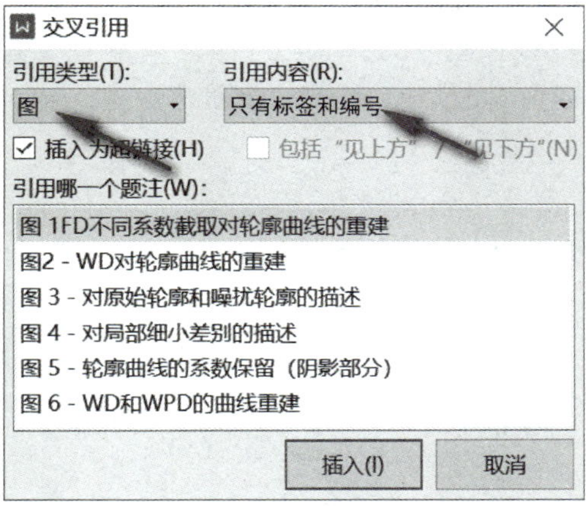

图 3-32　“交叉引用”对话框

9. 设置题注格式

单击窗口右侧“任务窗格”中的“样式和格式”按钮，打开“样式和格式”任务窗格，在“请选择要应用的格式”下拉列表中，定位到“题注”样式，单击“题注”按钮，选择“修改”命令，弹出“修改样式”对话框，按要求进行设置，如图 3-33 所示。

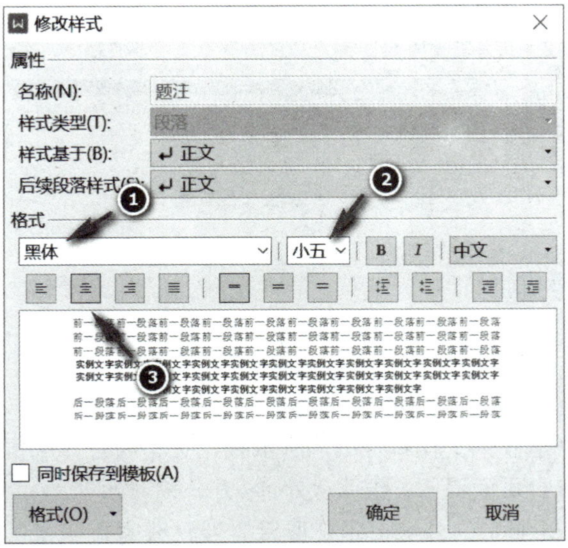

图 3-33　“修改样式”对话框

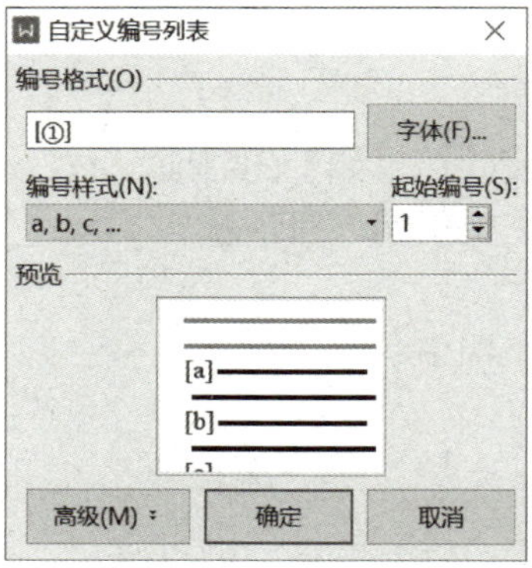

图 3-34 “自定义编号列表”对话框

10. 设置参考文献编号

选定所有参考文献，单击“开始”功能区的“编号”按钮，选择“自定义编号”命令，弹出“项目符号和编号”对话框，先在该对话框中选择“编号”选项卡中的某个编号，然后单击该对话框右下角的“自定义”按钮，弹出“自定义编号列表”对话框，按图 3-34 所示操作。

11. 将 WPS 文档格式转换为 PDF 格式

单击“文件”按钮，选择“另存为”命令，再选择“其他格式”命令，弹出“另存文件”窗口，在“文件类型”下拉列表中选择“PDF 文件格式 (*.pdf)”选项，然后选择保存位置，即可完成转换并保存，如图 3-35 所示。

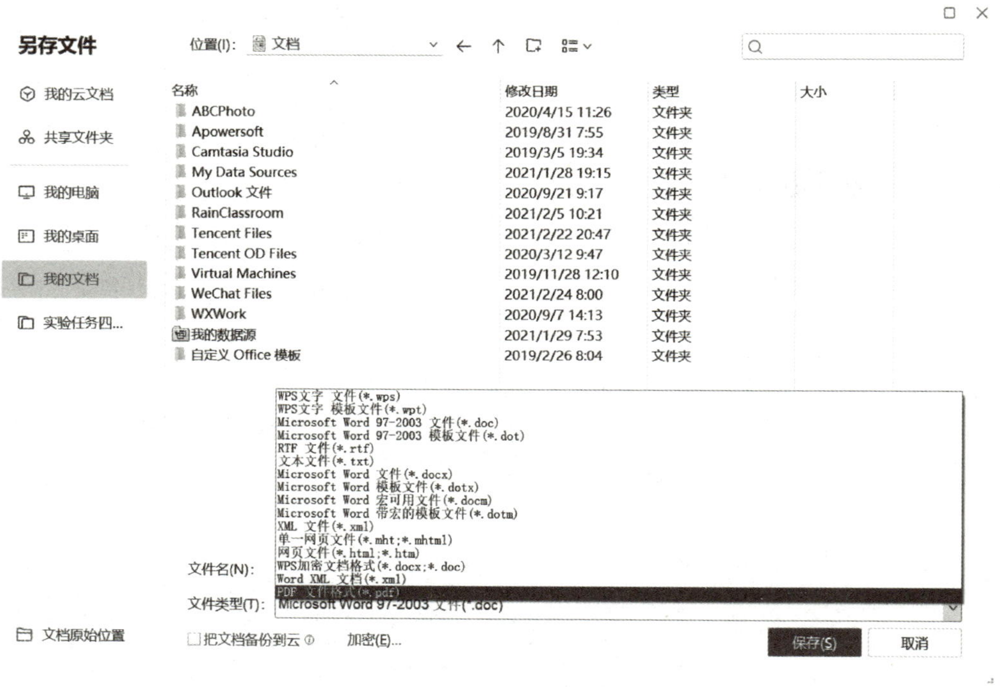

图 3-35 “另存文件”窗口

3.2.3 毕业论文的排版

任务 毕业论文素材排版

根据下列具体要求创建与应用样式，对文件“毕业论文素材 .docx”中的内容进行排版，排版结果如文件“毕业论文样本 .pdf”所示。相关素材见本书配套素材文件夹。

（1）按下列要求进行页面设置：纸张大小 16 开，对称页边距，上边距 2.5 厘米、下边距 2 厘米，内侧边距 2.5 厘米、外侧边距 2 厘米，装订线宽 1 厘米，页脚距边界 1 厘米。

（2）添加新样式“一般文字”，五号宋体，首行缩进 2 字符，段前和段后的间距为 0.5

行，并将该样式用于正文内容。

（3）对文档进行分节，使得“封面”“目录”“图表目录”“摘要”“1 引言”“2 库存管理的原理和方法”“3 传统库存管理存在的问题”“4 供应链管理环境下的常用库存管理方法”“5 结论”“6 参考书目”“7 专业词汇索引”各部分的内容都位于独立的节中，且每节都从新的一页开始。

（4）为论文创建封面，将论文题目、作者姓名和专业放置在文本框中，并居中对齐；文本框的环绕方式为“四周型”，在页面中的对齐方式为“两端对齐”。在页面的右下方插入图片“图片 1.jpg”，环绕方式为“四周型”，整体效果可自行调整。

（5）红色加粗字体为论文的一级标题，采用系统内置样式，样式名称为“标题 1”，样式格式为大纲级别 1 级、三号黑体、红色、居中，对应的多级编号列表格式为“第 1 章”“第 2 章”“第 3 章”等。

（6）绿色加粗字体为论文的二级标题，采用自建样式，样式名称为“我的二级标题”，样式格式为大纲级别 2 级、四号黑体、绿色、加粗、左对齐，段落行距为 1.25 倍行距，段前、段后间距均为 0.5 行，对应的多级编号列表格式为“1.1”“2.1”“3.1”等。

（7）蓝色加粗字体为论文的三级标题，采用自建样式，样式名称为“我的三级标题”，样式格式为大纲级别 3 级、小四号黑体、蓝色、左对齐，段落行距为固定值 18 磅，无段前、段后间距，对应的多级编号列表格式为“2.1.1”“2.1.2”“2.1.3”等。

（8）对文档中所有的黄色加粗字体内容添加自动编号，格式为“1)”“2)”“3)”等。

（9）在表格上方添加形如“表 1-1”“表 2-1”的题注，在图片下方添加形如“图 1-1”“图 2-1”的题注，其中连字符“-”前面的数字是章号，后面的数字是图表的序号。添加完毕，将样式“题注”的格式修改为小五号宋体、居中。

（10）在文档中用黄色文字标出适当的位置，为表格和图片设置其题注编号，保证“表 2-2 库存成本表”的第 1 行在跨页时能够自动重复，且表格上方的题注与表格总在一页上。

（11）在“目录”节中插入“目录”和“图表目录”，要求包含一至三级标题及对应页号，目录与论文的页码分别独立编排，目录页码使用大写罗马数字（“Ⅰ”“Ⅱ”“Ⅲ”等），论文页码使用阿拉伯数字（“1”“2”“3”等），除封面、目录和每章首页不显示页码外，其余页面要求奇数页页码显示在页脚右侧，偶数页页码显示在页脚左侧。

（12）本文的偶数页页眉为“毕业论文”，奇数页和每章首页页眉为相应章节名称。页眉从第一章开始。

（13）在文档第 1 章标题右侧插入一个脚注“本文来自互联网”，然后在第 2 章的“2.1 库存的概念”后面插入尾注“我是尾注，仅供参考”，最后将新插入的脚注“本文来自互联网”转换为尾注。

（14）将第 2 章标题后的批注改为“本章已审，无误！”，在第 3 章标题右侧插入一个批注“第 3 章待审！”，最后删除第 4 章的批注。

（15）将第 2 章 2.2.1 节（大约第 12 页）的“最优订货批量”下面的“圆点”项目符号改为“菱形”项目符号。

（16）在专业词汇索引下方建立“词汇索引”，为“结论”页上标黄的文字“库存成本”添加索引，删除“第三方物流”索引项并更新专业词汇索引。

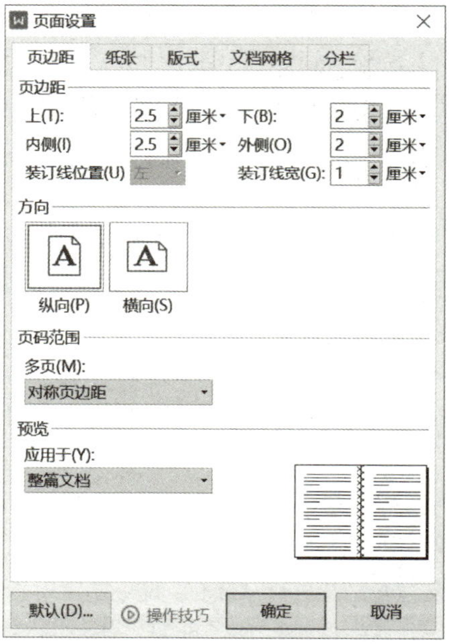

图 3-36 “页面设置”对话框

（17）为文档添加编辑限制保护，不允许随意对该文档内容进行编辑修改，并设置保护密码为“1314”。

实验步骤如下。

1. 设置页面

（1）单击“页面布局”功能区的“页面设置”对话框启动器按钮，在打开的“页面设置”对话框中切换至“纸张”选项卡，将“纸张大小”设置为16开。

（2）在“页面设置”对话框中切换至“页边距”选项卡，在“页码范围”的“多页”下拉列表中选择“对称页边距”选项；在“页边距”中将“上”数值框设置为2.5厘米，“下”数值框设置为2厘米，“内侧”数值框设置为2.5厘米，“外侧”数值框设置为2厘米，“装订线宽”数值框设置为1厘米，如图3-36所示。

（3）在“版式”选项卡的“页眉和页脚”中将“页脚”数值框设置为1厘米，单击“确定”按钮。

2. 添加新样式

（1）单击窗口右侧“任务窗格”中的“样式和格式”按钮，打开“样式和格式”任务窗格，单击“新样式”按钮，弹出“新建样式”对话框，在该对话框中按要求进行样式名称、字体和字号的设置，然后单击该对话框左下角的“格式”按钮，选择“段落”命令，弹出“段落”对话框，将“首行缩进”数值框设置为2字符；设置“段前”数值框为0.5行，“段后”数值框为0.5行，其他设置操作类似，请按要求完成，如图3-37所示。

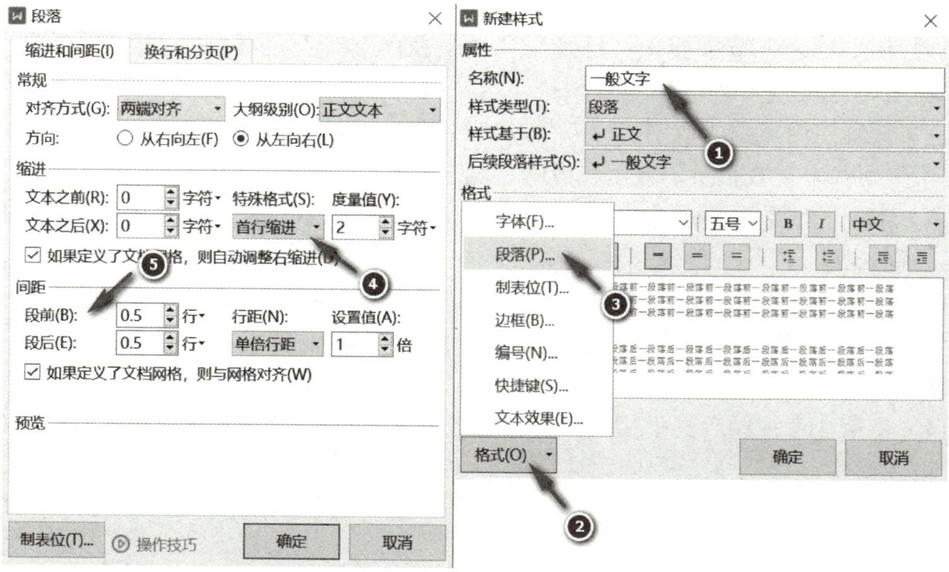

图 3-37 “新建样式”对话框

（2）利用组合快捷键 Ctrl + A 选定全文，单击窗中右侧的“样式和格式”按钮，打开“样式和格式”任务窗格，在该窗格单击“新样式”按钮，弹出“新建样式”对话框，在“属性”的“名称”文本框中输入“一般文字”，则全文均使用“一般文字”的样式。

3. 插入分节符

先将光标定位到待插入分节符的位置，然后单击“插入”功能区的“分页”按钮，选择“下一页分节符”命令或其他分节符命令后，即插入了一个分节符，如图 3-38 所示。注意，各章之间分节符建议使用“奇数页分节符”，方便后面的页眉设置。

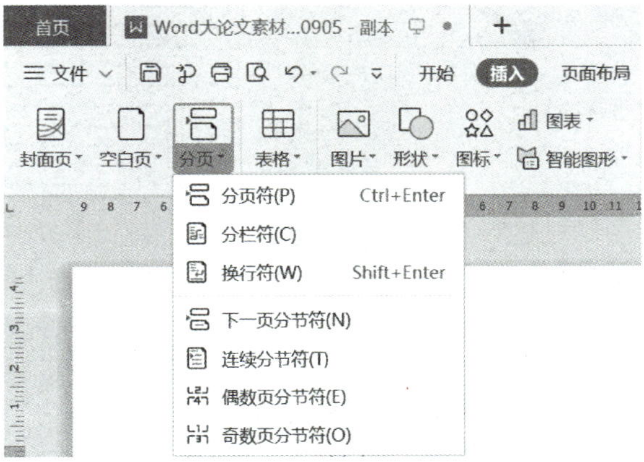

图 3-38　插入分节符

4. 创建封面

请参照求职简历制作步骤。

5. 设置一级标题

（1）单击窗口右侧的“样式和格式”按钮，弹出“样式和格式”任务窗格，找到系统自带的“标题 1”样式并单击，选择“修改”命令，弹出“修改样式”对话框，按照如图 3-39 所示进行设置。

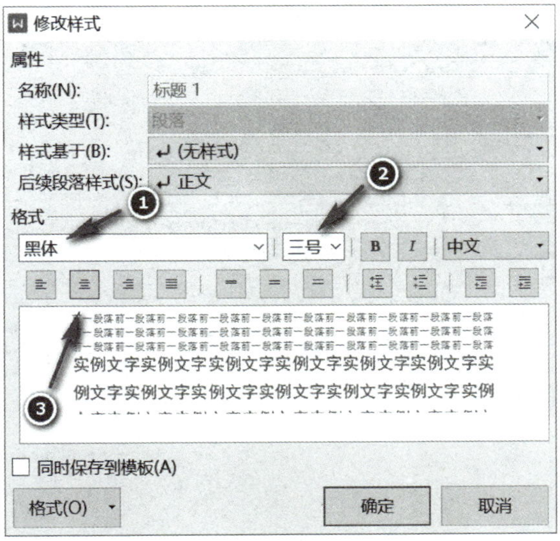

图 3-39　设置一级标题

（2）修改一级标题编号。单击“修改样式”对话框左下角的“格式”按钮，选择“编号”命令，弹出“项目符号和编号”对话框，在该对话框中选择“自定义列表”选项卡，其中的“自定义列表”中已默认选中本文档的多级编号，单击右下角的“自定义”按钮，弹出“自定义多级编号列表”对话框，在该对话框的“级别”中选择“1”，在“编号格式”文本框中手工输入文字“第”和“章”，然后进行其他设置，如图 3-40 所示。

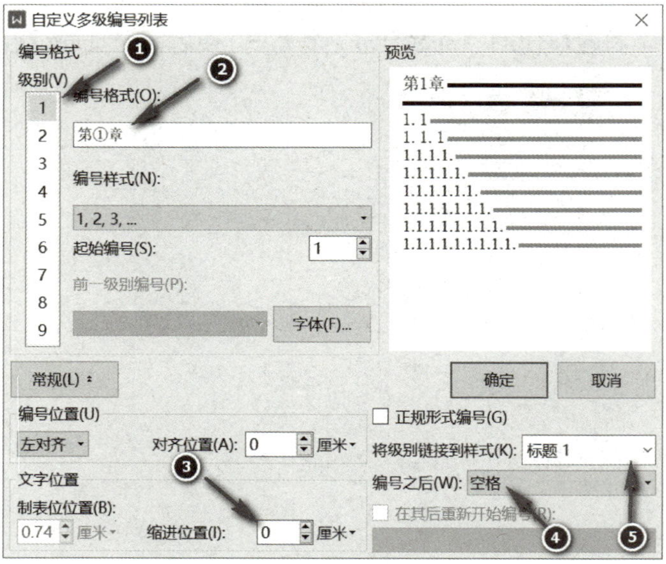

图 3-40　修改一级标题编号

6．设置二级标题

（1）单击“样式和格式”按钮，弹出“样式和格式”任务窗格，单击“新样式”按钮，弹出“新建样式”对话框，按照如图 3-41 所示进行设置。

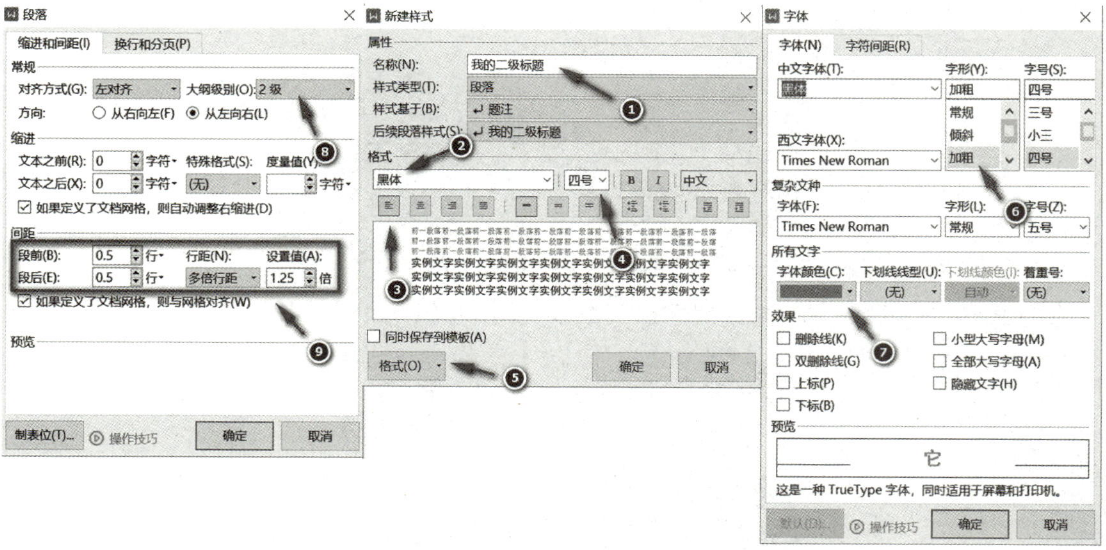

图 3-41　设置二级标题

（2）修改二级标题编号。在“样式和格式”任务窗格中的“请选择要应用的格式”列表中找到“我的二级标题”并单击，选择“修改”命令，弹出“修改样式”对话框，单击“格式”按钮，选择“编号”命令，弹出“项目符号和编号”对话框，在该对话框中选择“自定义列表”选项卡，“自定义列表”选择之前设置的列表，单击“自定义”按钮，弹出“自定义多级编号列表”对话框，在该对话框的“级别”中选择“2”，在编号格式下方的文本框中，删除最右侧的“ . ”，其他操作如图 3-42 所示。

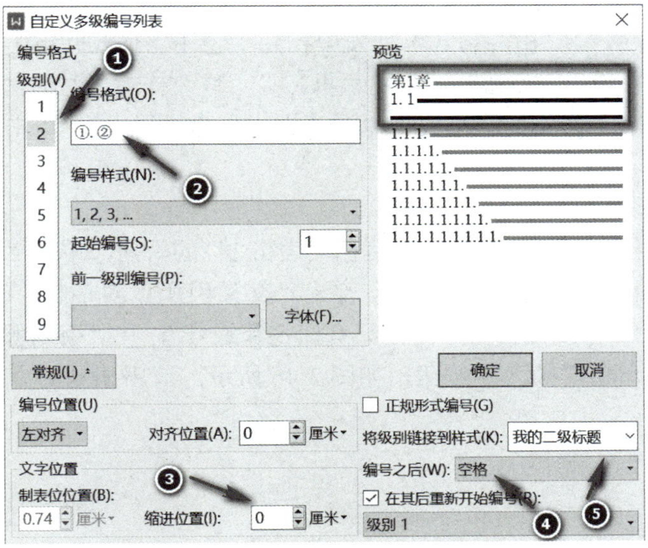

图 3-42　修改二级标题编号

7. 设置三级标题及其编号

请参照二级标题的设置完成。

8. 使用标题样式

对各级标题分别使用前述已设置好的标题样式。

9. 设置编号

选定“第 4 章”黄色字体，然后单击“开始”功能区的“编号”按钮，选择“自定义编号”选项，打开“项目符号和编号”对话框。在该对话框中选择“编号”选项卡，在该选项卡中选择一种“编号”，然后单击该对话框右下角的“自定义”按钮，弹出“自定义编号列表”对话框，按照如图 3-43 所示进行设置。

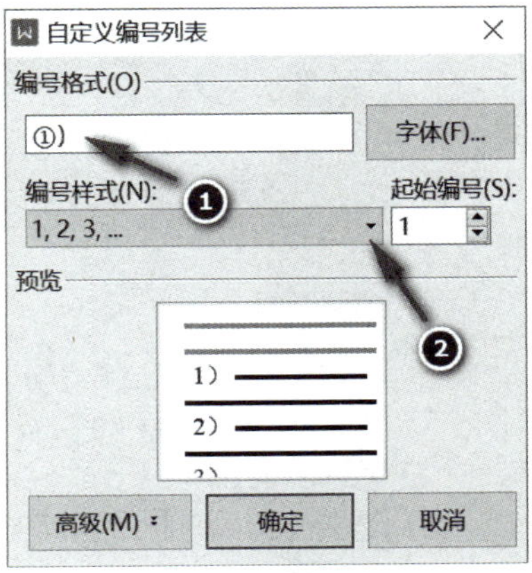

图 3-43　“自定义编号列表”对话框

10. 设置带有章名称的题注

（1）定位光标到第 2 章的“库存的分类”图片，然后右击。

（2）在弹出的快捷菜单中，选择“题注”命令，弹出“题注”对话框，在该对话框中单击“新建标签”按钮，弹出“新建标签”对话框，在该对话框的“标签”文本框中输入“图”，然后单击“确定”按钮，返回“题注”对话框。

（3）在“位置”列表中选择标题的位置为“所选项目下方”。

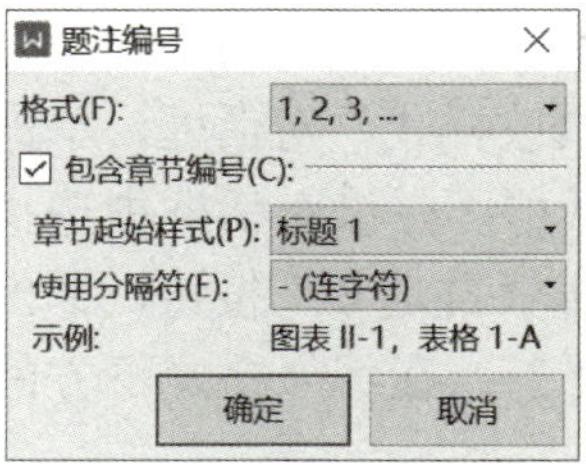

图 3-44 “题注编号”对话框

（4）单击“编号”按钮，弹出“题注编号”对话框，勾选“包含章节编号”复选框，将“章节起始样式”设置为“标题1”，“使用分隔符”设置为“-(连字符)”，单击“确定”按钮，返回“题注”对话框，如图 3-44 所示。

11．设置并使用题注样式

单击窗口右侧的“样式和格式”按钮，弹出“样式和格式”任务窗格，在“样式和格式”任务窗格中的“请选择要应用的格式”列表中找到“题注”格式并单击，在弹出的菜单中选择“修改”命令，弹出“修改样式”对话框，在“修改样式”对话框的“格式”中设置“字体”为“仿宋”“字号”为“小五”，“对齐方式”为“居中”，单击“确定”按钮，如图 3-45 所示。

12．插入交叉引用

（1）将光标定位到黄色“如”字或黄色“表格 1”的后面，单击“引用”选项卡，在“引用”功能区单击“交叉引用”按钮，弹出“交叉引用”对话框，在该对话框中设置“引用类型”为“图”，“引用内容”为“只有标签和编号”，在“引用哪一个题注”中选择一个合适的题注，单击“插入”按钮，如图 3-46 所示。请用相同的方法在文档黄色文字处插入其他引用。

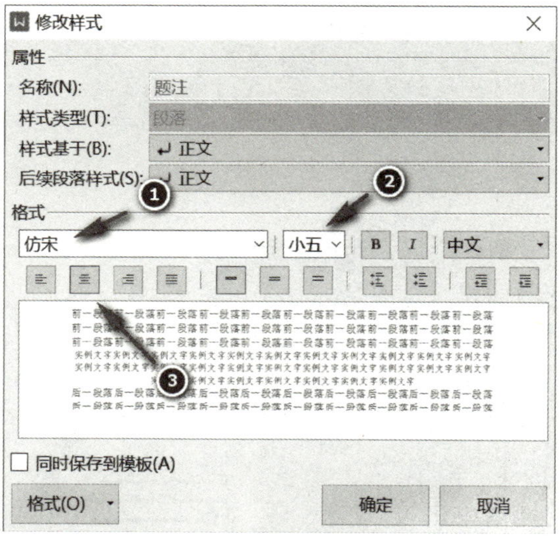

图 3-45 “修改样式”对话框

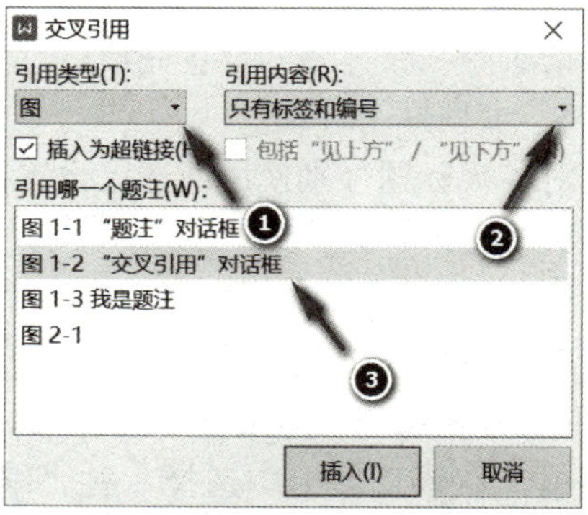

图 3-46 “交叉引用”对话框

（2）选择表，单击“表格样式”选项卡，为表格套用一个自己喜欢的样式，定位光标在表格中，单击“表格工具”选项卡，在“表格工具”功能区左侧单击“表格属性”按钮，弹出“表格属性”对话框，在该对话框中选择“行”选项卡，勾选“允许跨页断行”复选框和“在各页顶端以标题行形式重复出现”复选框，如图 3-47 所示。

注意：

“跨页断行”要在跨页前进行设置，在勾选“在各页顶端以标题行形式重复出现”

复选框时，须先单击“上一行”或“下一行”按钮，将当前行定位到表格的标题行。

13. 生成目录

将光标定位在目录页合适位置，然后单击“引用”选项卡，显示“引用”功能区，在该功能区左侧单击“目录”按钮，选择“自定义目录”命令，弹出“目录”对话框，因之前已设置过一级标题、二级标题和三级标题，所以按如图 3-48 所示操作生成目录即可。

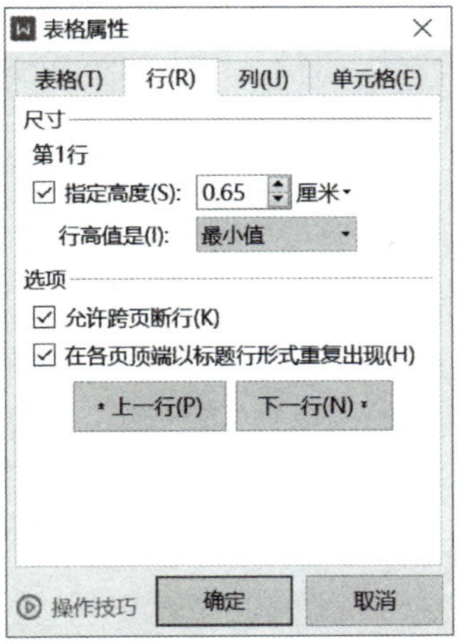

图 3-47 “表格属性”对话框

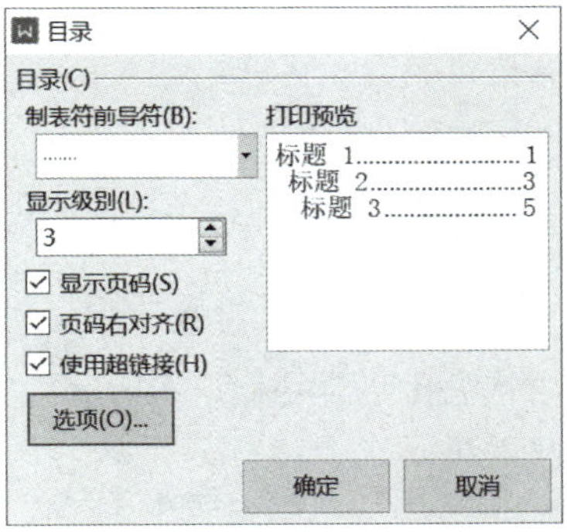

图 3-48 “目录”对话框

14. 生成图表目录

单击“引用”选项卡，显示“引用”功能区，在该功能区中间位置单击“插入表目录”按钮，弹出“图表目录”对话框，在“题注标签”中选择“表”选项，还可以设置显示页码、页码右对齐、使用超链接。在制表符前导符处可以设置样式，右侧预览窗口可以预览表目录样式，单击“确定”按钮，插入表目录，如图 3-49 所示。

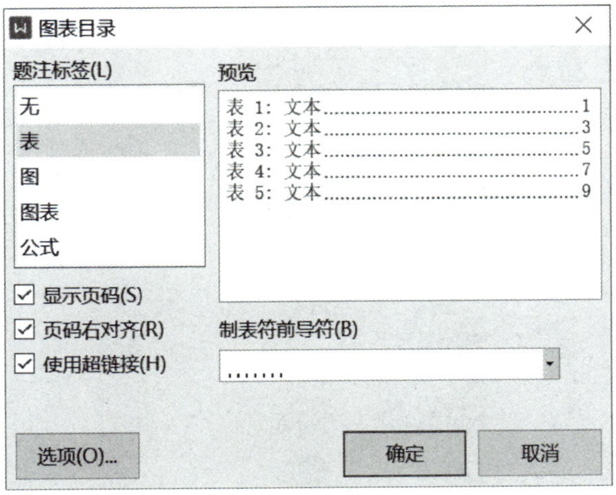

图 3-49 “图表目录”对话框

15. 设置目录页脚

（1）定位光标在目录首页的页脚处中，单击“插入”选项卡，在“插入”功能区中间位置单击“页眉和页脚”按钮，激活“页眉和页脚”选项卡，同时显示出“页眉页脚”功能区，在该功能区先单击页面下端的“页脚”按钮，再单击“页码设置”按钮，选取所需的页脚格式，如图 3-50 所示。

（2）定位光标到目录第 1 页的页码位置，单击“插入”选项卡，在“插入”功能区单击“页眉和页脚”按钮，激活“页眉和页脚”选项卡，同时显示出“页眉页脚”功能区，在该功能区先单击页面下端的“页脚”按钮，再单击“删除页码”按钮，选择“本页”命令，如图 3-51 所示。各章首页操作类似。

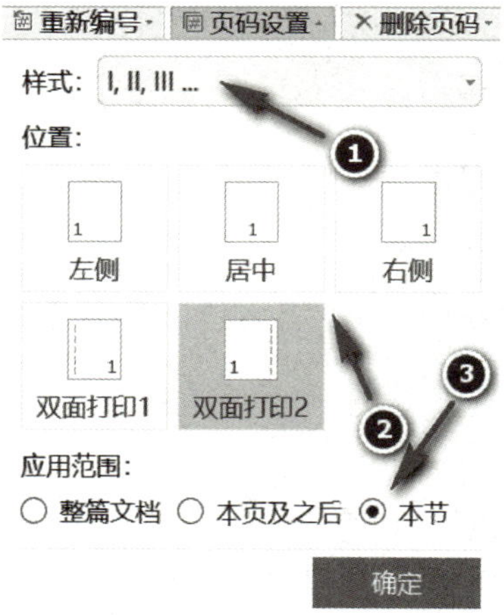

图 3-50　设置目录页码

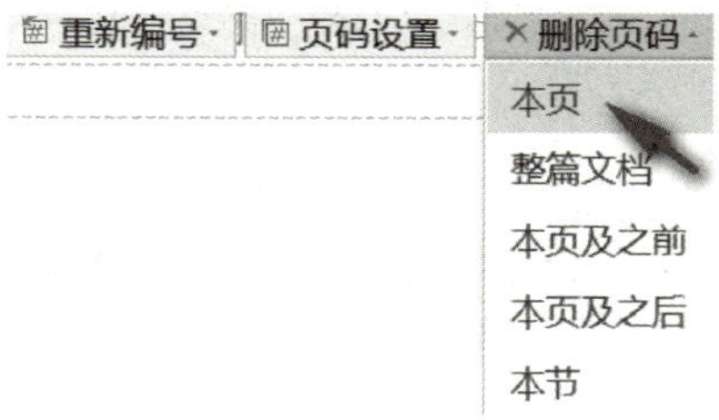

图 3-51　删除目录首页页码

16. 设置章节页脚

（1）定位光标到第 1 章第 1 页的页码位置，单击“插入”选项卡，在“插入”功能区单击“页眉和页脚”按钮，激活“页眉和页脚”选项卡，同时显示出“页眉页脚”功能区，在该功能区先单击页面下端的“页脚”按钮，再单击“页码设置”按钮，按照如图3-52 所示进行设置。

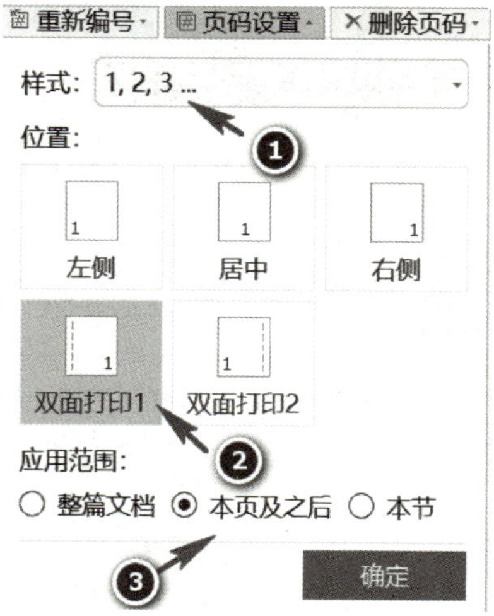

图 3-52　设置章页码

（2）定位光标到第 2 章第 1 页的页码位置，单击“插入”选项卡，在“插入”功能区单击“页眉和页脚”按钮，激活“页眉和页脚”选项卡，同时显示出“页眉页脚”功能区，在该功能区先单击页面下端的“页脚”按钮，再单击“重新编号”下拉按钮，最后在弹出的菜单中选择“页码编号续前节”，如图 3-53 所示。

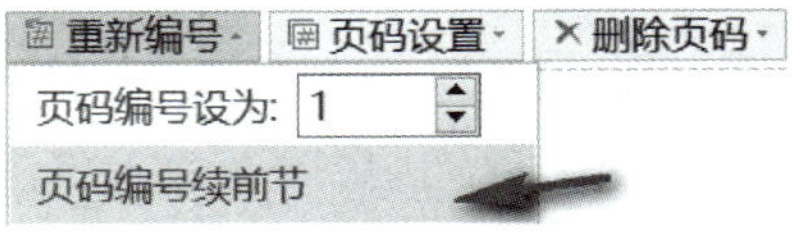

图 3-53　设置章页脚图示

17. 设置页眉

（1）单击“插入”选项卡，显示“插入”功能区，在该区中间位置单击“页眉页脚”按钮，激活“页眉页脚”选项卡，同时显示出“页眉页脚”功能区，在该功能区单击“页眉页脚选项”按钮，弹出“页眉 / 页脚设置”对话框，按照如图 3-54 所示进行设置。

（2）定位光标到第 1 章首页页眉处，单击“域”按钮，弹出“域”对话框，在“域名”列表框中选择“样式引用”选项，则“域代码”下方文本框中的内容自动产生，在“样式名”下拉列表中选择“标题 1”，最后单击“确定”按钮，则产生第 1 章的页眉“引言”，如图 3-55 所示。

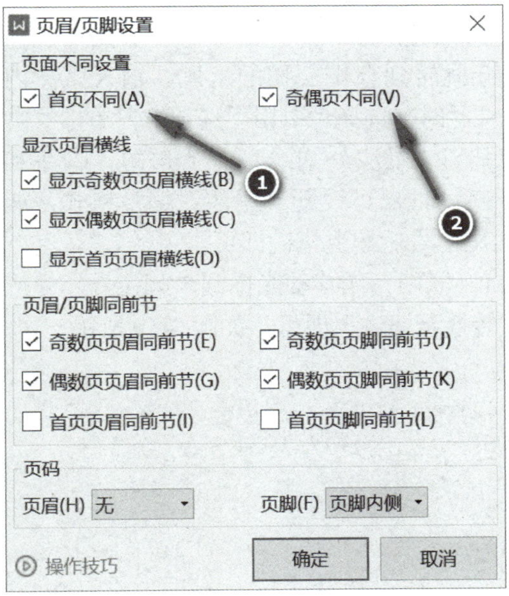

图 3-54　“页眉 / 页脚设置”对话框

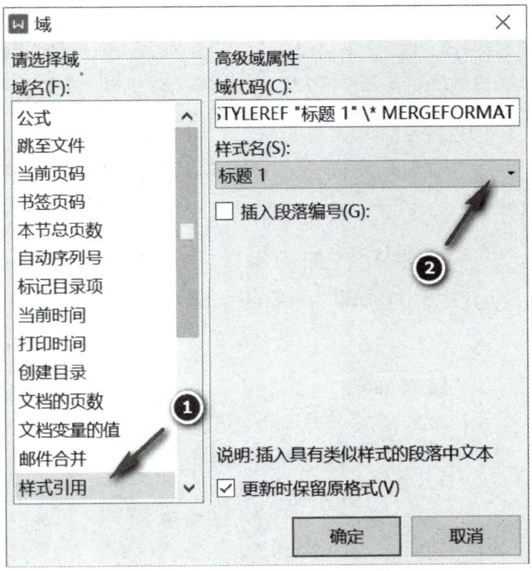

图 3-55　“域”对话框

若遇到章首页是偶数页时，可将该章与前一章之间的分节符替换为“奇数页分节符”，具体操作如图 3-56 所示。最后在“偶数页页眉”中输入“毕业论文”。

18. 插入脚注和尾注

（1）插入脚注。将光标定位到需要插入脚注的位置，即“引言”右侧，选择“引用”选项卡，单击“插入脚注”按钮，页面会跳转到当前页的底端，输入脚注内容“本文来自互联网”，即为内容添加了脚注。此时，选择“引用”选项卡，单击“脚注 / 尾注分割线”按钮，可添加分割线。单击“脚注 / 尾注分割线”右下角的“脚注和尾注”对话框启动器按钮，弹出“脚注和尾注”对话框，可设置脚注编号格式，如图 3-57 所示，若要删除脚注，则选定正文内的脚注号后按退格键即可。

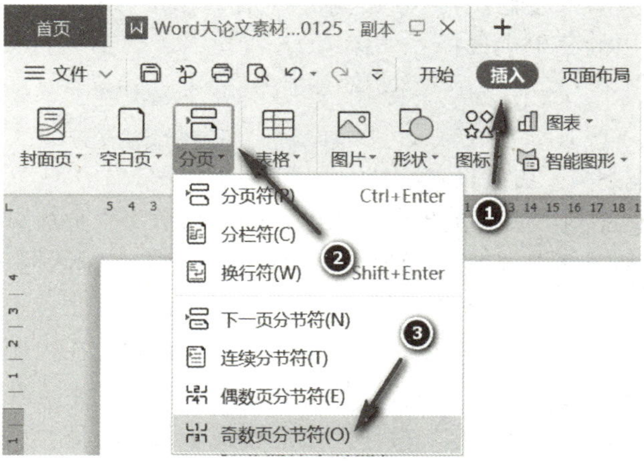

图 3-56　分节符的替换操作图示

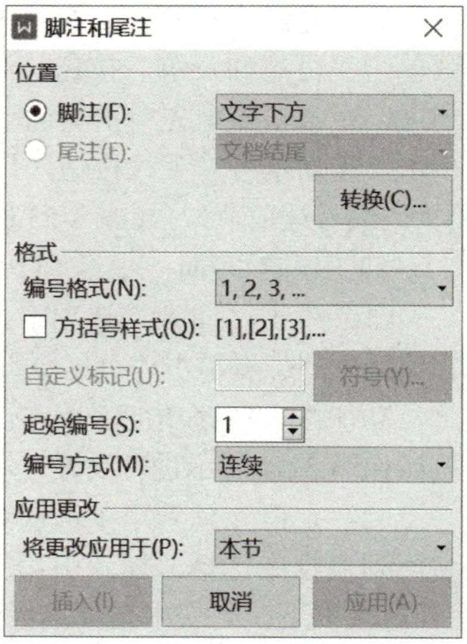

图 3-57　“脚注和尾注”对话框

（2）插入尾注。将光标定位到需要插入尾注的位置，即“库存的概念”右侧，选择“引用”选项卡，单击“插入尾注”按钮，页面会跳转到整个文档的末尾，输入尾注内容“我是尾注，仅供参考”，即为内容添加了尾注。此时，选择“引用”选项卡，单击“脚注 / 尾注分割线”按钮，可添加分割线。单击“脚注 / 尾注分割线”右下角的“脚注和尾注”对话框启动器按钮，弹出“脚注和尾注”对话框，可设置“尾注”编号格式，如图 3-58 所示，若要删除“尾注”，则选定正文内的尾注号后按退格键即可。

（3）脚注转换为尾注。先选定脚注“本文来自互联网”或移动光标到“脚注号”处待其形状变为时，右击，在弹出的菜单中选择“转换至尾注”即可，如图 3-59 所示。

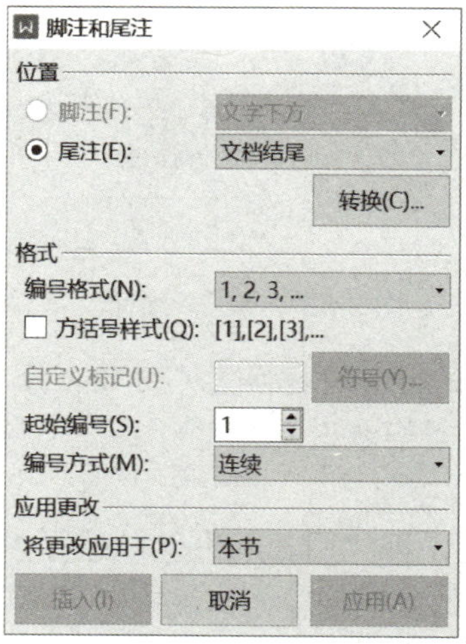

图 3-58　“脚注和尾注”对话框

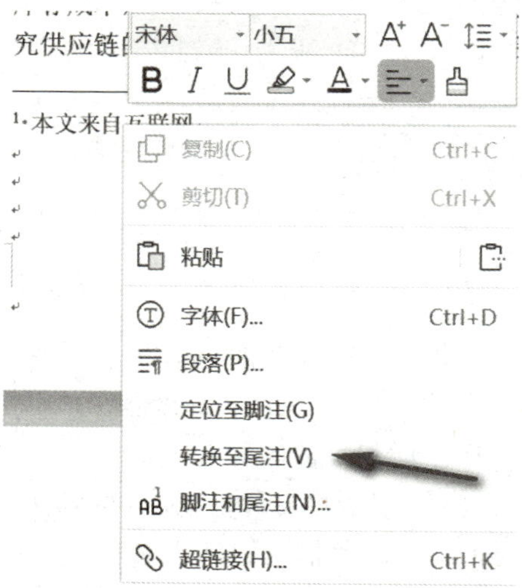

图 3-59　脚注转换为尾注

19. 插入与删除批注

（1）插入批注。定位光标到待插入批注的位置，单击“审阅”选项卡，显示“审阅”

功能区，在该功能区中单击“插入批注”按钮，输入批注内容即可。其他操作如图 3-60 所示。

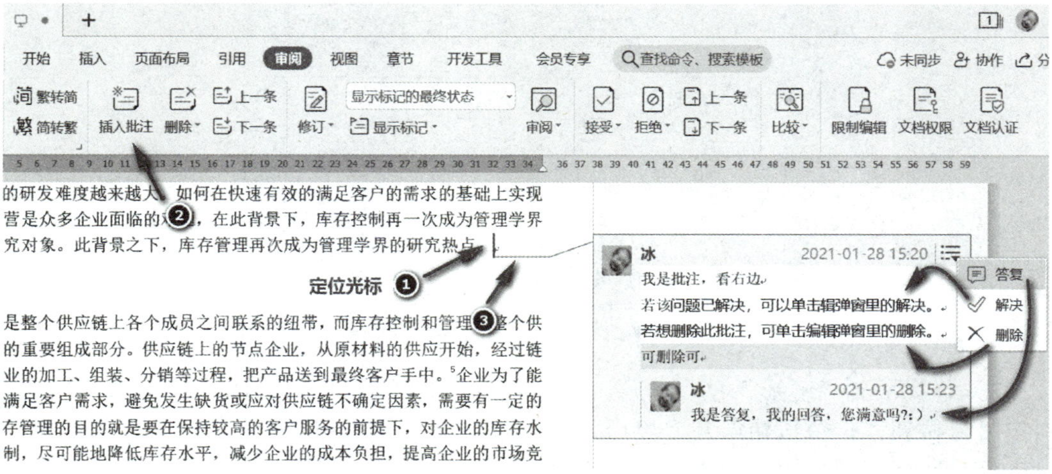

图 3-60　插入批注

（2）删除批注。选中批注，单击“删除”按钮，可以选择删除此批注和删除所有批注，如图 3-61 所示。

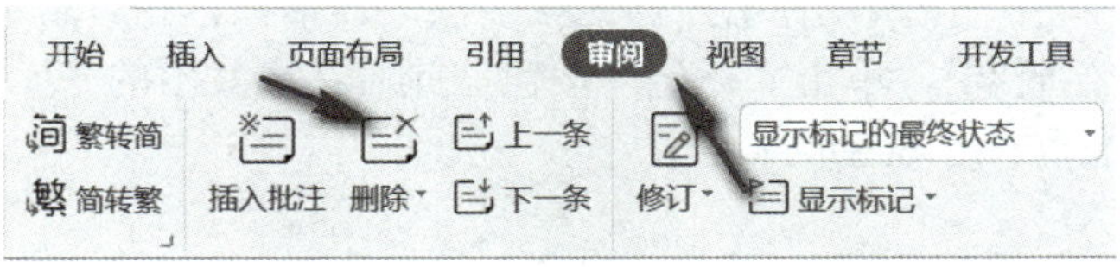

图 3-61　删除批注

（3）隐藏批注。在“审阅”功能区中单击“显示标记”按钮，取消选中“批注”命令，如图 3-62 所示。

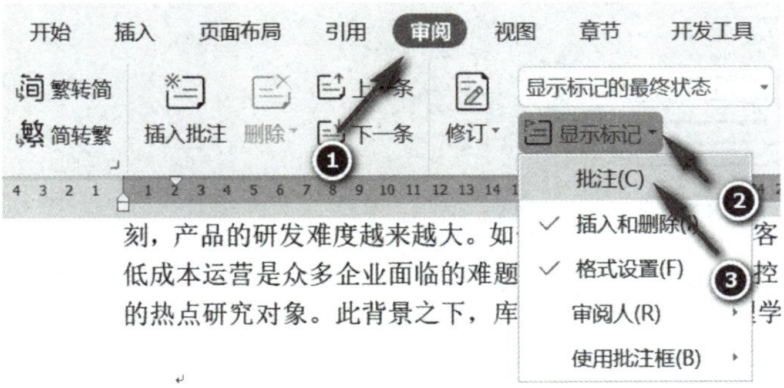

图 3-62　隐藏批注

20．设置项目符号

（1）选定添加项目符号的文本，在“开始”功能区中单击“插入项目符号”按钮，选择“自定义项目符号”命令，弹出“项目符号和编号”对话框，在“项目符号”选项卡中选定“菱形”的项目符号即可，如图 3-63 所示。

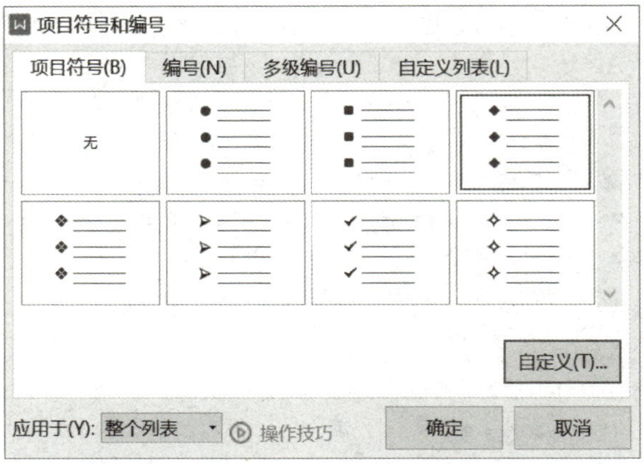

图 3-63 “项目符号和编号”对话框

（2）若找不到“菱形”项目符号，可先任选一种项目符号，激活该对话框右下角的“自定义”按钮，待该按钮由灰变黑后，单击该按钮，会弹出“自定义项目符号列表”对话框，通过“项目符号字符”中的“字符”按钮，可自定义项目符号，进行其他相关设置后单击“确定”按钮，如图 3-64 所示。

21. 标记索引项

选定文中标黄的“库存成本”文字，然后单击“引用”选项卡，显示“引用”功能区，单击“标记索引项”按钮，弹出“标记索引项”对话框，在“索引”的“主索引项”文本框中输入“库存成本”，单击“标记”按钮，此时在原文中的“库存成本”后面将会出现索引标志，操作如图 3-65 所示。

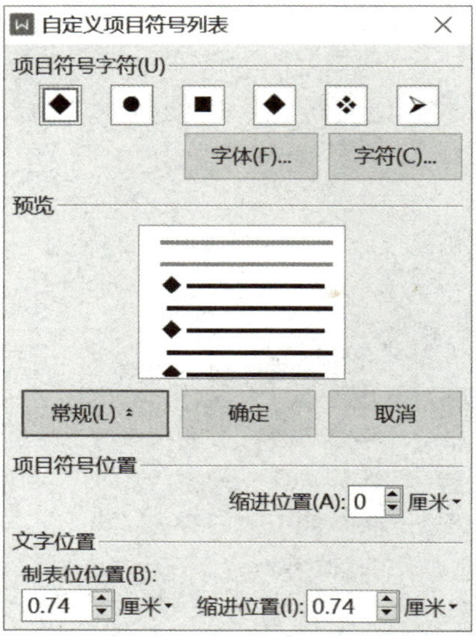

图 3-64 “自定义项目符号列表”对话框

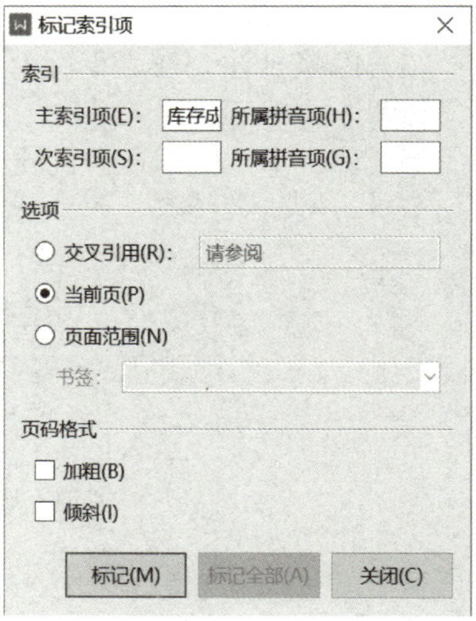

图 3-65 “标记索引项”对话框

22. 插入索引

将光标定位到标黄的“专业词汇索引”下方，单击“引用”选项卡，显示“引用”功能区，单击“插入索引”按钮，弹出“索引”对话框，按照如图 3-66 所示进行设置。

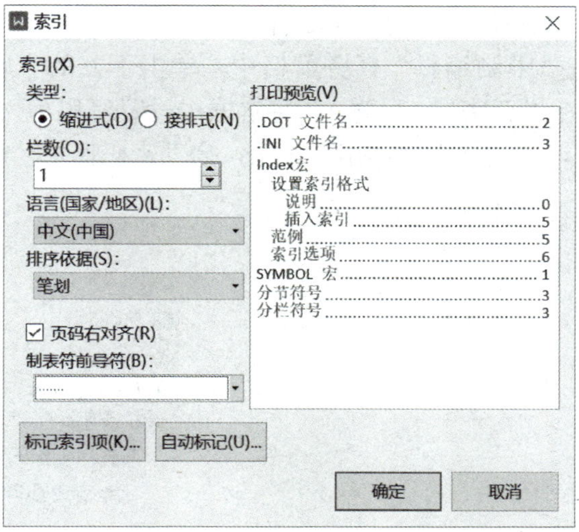

图 3-66　“索引”对话框

23. 隐藏索引标记

单击“文件”选项卡，选择“选项”命令，弹出“选项”对话框，选择“视图”选项，然后在“格式标记”中勾选或取消勾选“全部”复选框，可显示或隐藏索引标记，如图 3-67 所示。

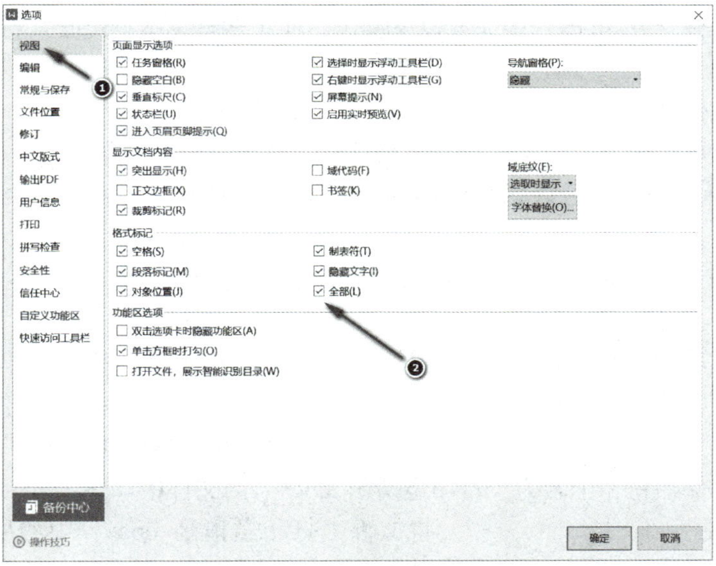

图 3-67　“选项”对话框

24. 删除索引项

在第 4 章先查找黄色文字“第三方物流”，然后显示出索引标记“{ XE“第三方物流”}”，选定“{ XE“第三方物流”}”直接删除。

25. 限制编辑

（1）限定只读。单击“审阅”选项卡，显示“审阅”功能区，单击“限制编辑”按钮，弹出“限制编辑”任务窗格，在该任务窗格中先勾选“设置文档的保护方式”复选框，然后单击“只读”单选按钮，如图 3-68 所示。

（2）设置密码。在“限制编辑”任务窗格中，单击下方的“启动保护”按钮，弹出“启动保护”对话框，在“新密码 (可选)”文本框中设置密码为“1314”，在“确认新密码”文本框中进行确认，然后单击“确定”按钮，启动密码保护功能，如图 3-69 所示。

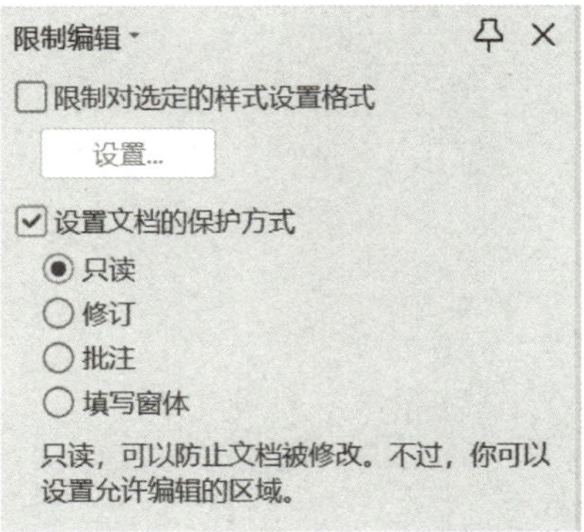

图 3-68　“限制编辑”任务窗格

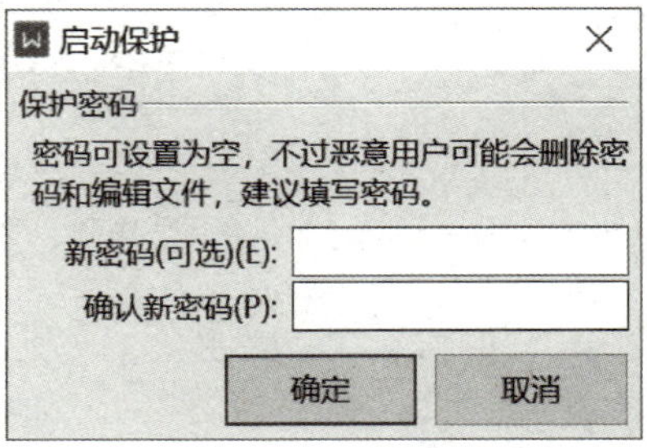

图 3-69　“启动保护”对话框

3.2.4　邮件合并

任务　进行邮件合并操作

在文档“邮件合并 .docx”中完成以下操作。使用素材见本书配套素材文件夹。

（1）将文档中“会议议程”段落后的 7 行文字转换为 3 列、7 行的表格，并根据窗口大小自动调整表格列宽。

（2）为“会议议程”表格套用一种表格样式，使表格更加美观。

（3）为了再次利用“会议议程”内容，将文档中的表格内容保存至“自动图文集”库，并将其命名为“会议议程”。

（4）将文档末尾处的日期调整为可以根据邀请函生成日期而自动更新的格式，日期格式显示为“**** 年 ** 月 ** 日”。

（5）在“尊敬的”文字右侧插入拟邀请的客户姓名和尊称。拟邀请的客户姓名在本书配套素材文件夹中的文件“通讯录 .xlsx”中，如“范俊弟（先生）”“黄雅玲（女士）”。

（6）每位客户的邀请函占 1 页内容，且每页邀请函中只包含 1 位客户的姓名，所有的邀请函页面另外保存在一个名为“打印邀请函 .docx”的文件中。

（7）将文件“打印邀请函 .docx”中的所有文字内容设置为繁体中文格式。

实验步骤如下。

1．文字转表格

打开文件“2021 年艺术学院邀请函素材 .docx”，从红色字体“时间”行开始，选定连续 7 行文字，然后单击“插入”选项卡，显示“插入”功能区，单击“表格”按钮，选择“文字转换成表格”命令，弹出“将文字转换成表格”对话框，如图 3-70 所示，列宽可自行调整。

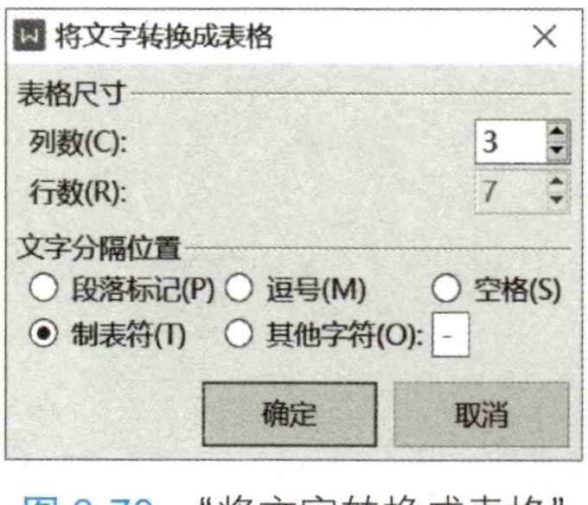

图 3-70　“将文字转换成表格”对话框

2. 设置表格样式

选中表格，单击“表格样式”选项卡，自行选择一种样式即可。

3. 构建表格基块

选中表格，然后单击“插入”选项卡，显示“插入”功能区，单击“文档部件”按钮，选择“自动图文集”→“将所选内容保存到自动图文集库”，弹出“新建构建基块”对话框，在该对话框中的“名称”文本框内输入名称“会议议程”，并选择库为“自动图文集”，然后单击“确定”按钮，如图 3-71 所示。

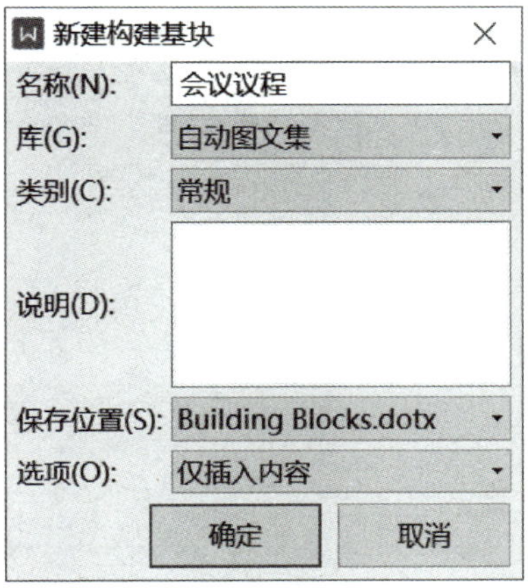

图 3-71　“新建构建基块”对话框

4. 插入日期

单击“插入”选项卡，显示“插入”功能区，单击“日期”按钮，弹出“日期和时间”对话框，“可用格式”选择指定的格式，注意勾选“自动更新”复选框，然后单击“确定”按钮即可，如图 3-72 所示。

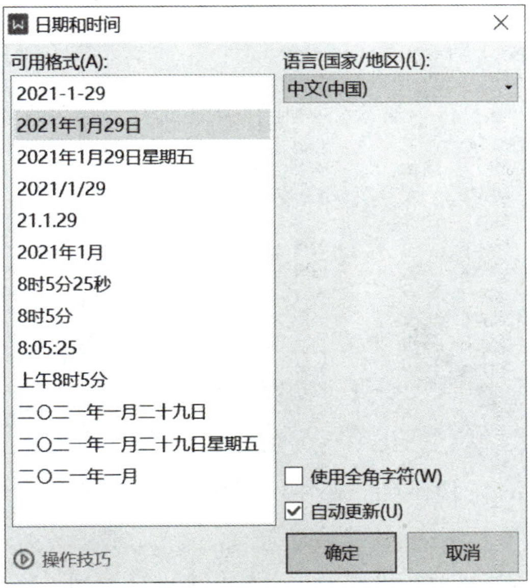

图 3-72　“日期和时间”对话框

5. 邮件合并

打开数据源，单击“引用”选项卡，显示“引用”功能区，单击“邮件”按钮，激活“邮件合并”选项卡，在“邮件合并”功能区单击“打开数据源”按钮，弹出“选取数据源”窗口，在“位置”右侧的列表框中选择数据源“通讯录.xlsx”，如图 3-73 所示，然后单击“打开”按钮。

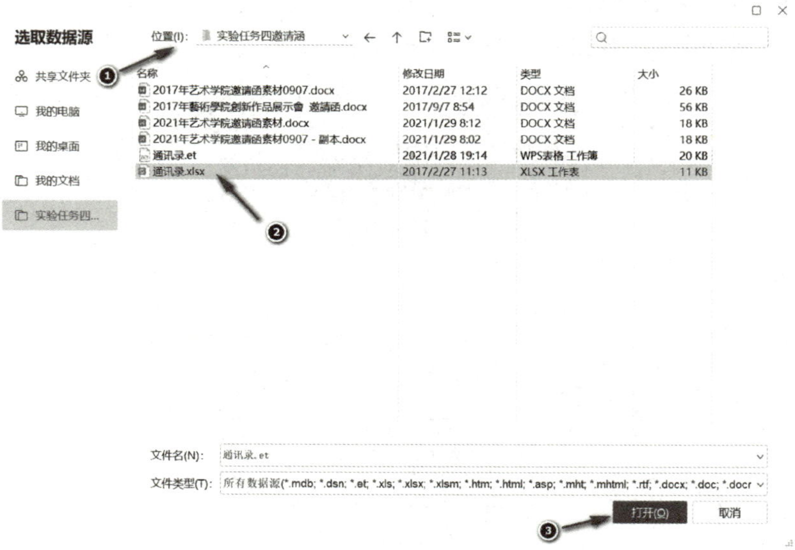

图 3-73 “选取数据源”窗口

6. 设置收件人

在“邮件合并”功能区，单击“收件人”按钮，弹出“邮件合并收件人”对话框，如图 3-74 所示，在“收件人列表”中不勾选或者全选收信人，然后单击“确定”按钮。

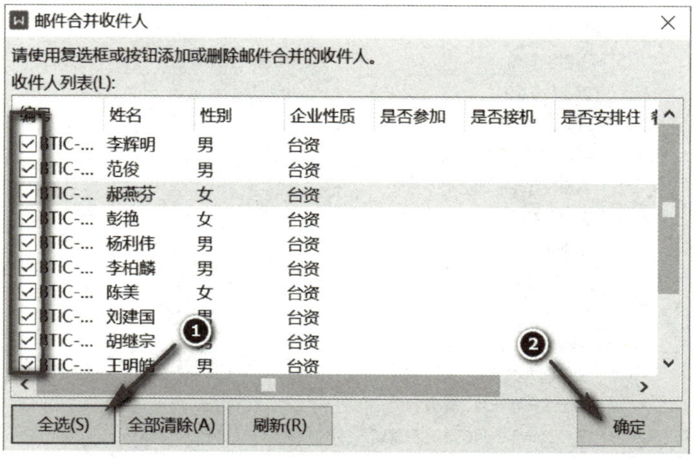

图 3-74 “邮件合并收件人”对话框

7. 撰写信函

将光标定位到插入域的位置（尊敬的），单击“邮件合并”选项卡下的“插入合并域”按钮，弹出“插入域”对话框，按照如图 3-75 所示进行设置。

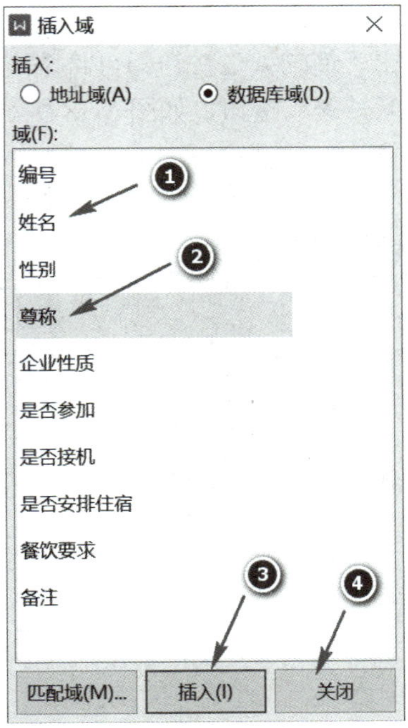

图 3-75　“插入域”对话框

在“邮件合并”选项卡下单击“查看合并数据”按钮，在“尊敬的”右侧会显示出“姓名”和“尊称”。

8．合并邮件到新文档

单击“邮件合并”选项卡，显示“邮件合并”功能区，单击“合并到新文档”按钮，如图 3-76 所示。

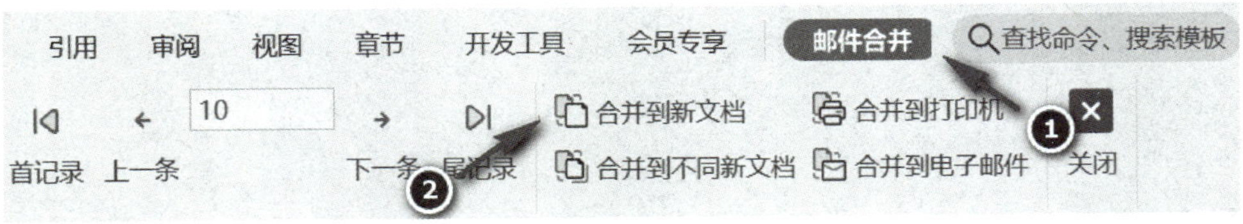

图 3-76　合并到新文档

弹出“合并到新文档”对话框，选择“全部”单选按钮，如图 3-77 所示。

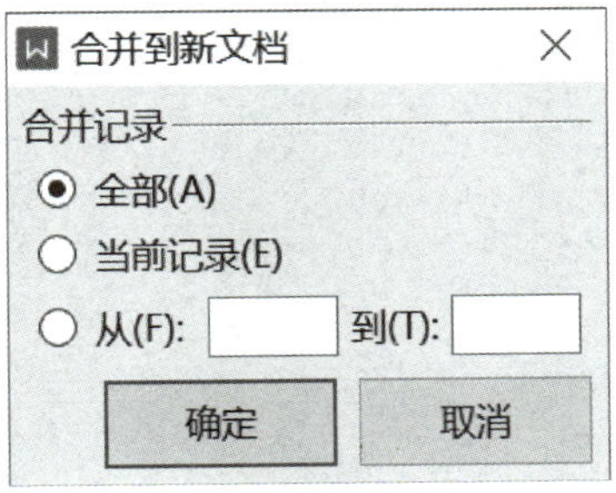

图 3-77　“合并到新文档”对话框

9. 简体变繁体

选择“审阅”选项卡，单击“简转繁”按钮即可将全文转换。若要转换部分内容，则需先选中内容，然后再单击“简转繁”按钮，如图 3-78 所示。

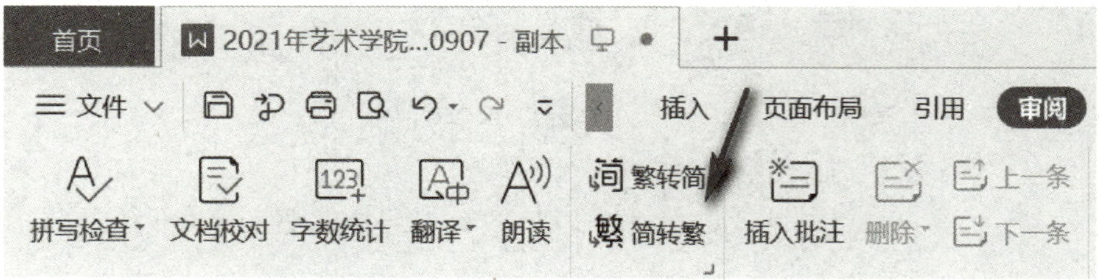

图 3-78　简转繁

实验 4　WPS Office 表格制作

4.1 实验目的

（1）通过创建学生信息统计表，掌握 WPS Office 表格制作软件的基本操作与数据输入。

（2）通过编辑学生信息统计表，掌握 WPS Office 表格制作软件中数据的处理与表格格式的设置。

（3）通过操作学生成绩原始数据表，掌握 WPS Office 表格制作软件中公式、常见函数的使用。

（4）通过操作学生成绩综合评定原始数据表，掌握 WPS Office 表格制作软件的数据管理与分析，并制作数据图表、数据透视表和数据透视图。

4.2 实验内容

4.2.1 工作表的数据编辑和格式设置

任务　创建学生信息

创建文件“学生信息统计表 .xlsx”，输入基本信息并进行格式设置，要求如下，样例效果如图 4-1 所示。

	A	B	C	D	E	F	G	H
1	学生信息统计表							
2	学号	班级	姓名	性别	年龄	入学日期	入学时间	录取分数
3	2020001	材成201	刘名琪	男	18	2020年8月25日	9:30	605
4	2020002	材成202	张家俊	男	19	2020年8月25日	10:30	589
5	2020003	材成203	吴亦凡	女	18	2020年8月26日	11:30	600
6	2020004	材成204	李子路	男	19	2020年8月25日	12:30	610
7	2020005	材成201	王宇轩	男	18	2020年8月29日	13:30	560
8	2020006	材成202	苏文博	男	18	2020年8月30日	14:30	580
9	2020007	材成203	时玉红	女	19	2020年8月31日	15:30	588
10	2020008	材成204	焦梦泽	男	18	2020年8月25日	16:30	620
11	2020009	材成201	张小薇	女	19	2020年8月30日	17:30	555
12	2020010	材成202	卫昂扬	男	18	2020年8月29日	18:30	578

图 4-1　样例效果

（1）输入标题并设置标题格式。

（2）使用填充柄填充输入 10 个学生的学号。

（3）使用自定义序列输入班级名称。

（4）利用数据有效性制作单元格菜单，输入学生性别。

（5）利用条件格式显示所需信息。

（6）设置表格边框及格式。

实验步骤如下。

1．创建工作表

启动 WPS Office 表格制作软件，新建一个名为“学生信息统计表”的工作表，单击 A1 单元格，输入“学生信息统计表”，按回车键确认。

2．设置工作表标题

选中 A1:H1 单元格区域，选择“开始”选项卡，单击“合并居中”按钮，将标题设置为“微软雅黑、18 号、加粗”。

3．设置表格第 1 行

在 A2:H2 单元格区域依次输入“学号”“班级”“姓名”“性别”“年龄”“入学日期”“入学时间”“录取分数”，并将其设置为“14 号、加粗”。适当调整列宽，使内容完全显示。

4．输入学号

单击 A3 单元格，输入第 1 个学生的学号“'2020001”，注意，学号是以文本方式输入的，在学号之前要添加英文单引号。输入第 1 个学生的学号后，将光标指向 A3 单元格右下角的填充柄，当光标变为“+”时，向下拖动鼠标至 A12 单元格，释放鼠标，即可按顺序自动填充 10 个学生的学号。

5．利用新建序列输入班级

（1）单击“文件”选项卡，选择“选项”命令，打开“选项”对话框。在“选项”对话框左侧选择“自定义序列”选项，如图 4-2 所示。

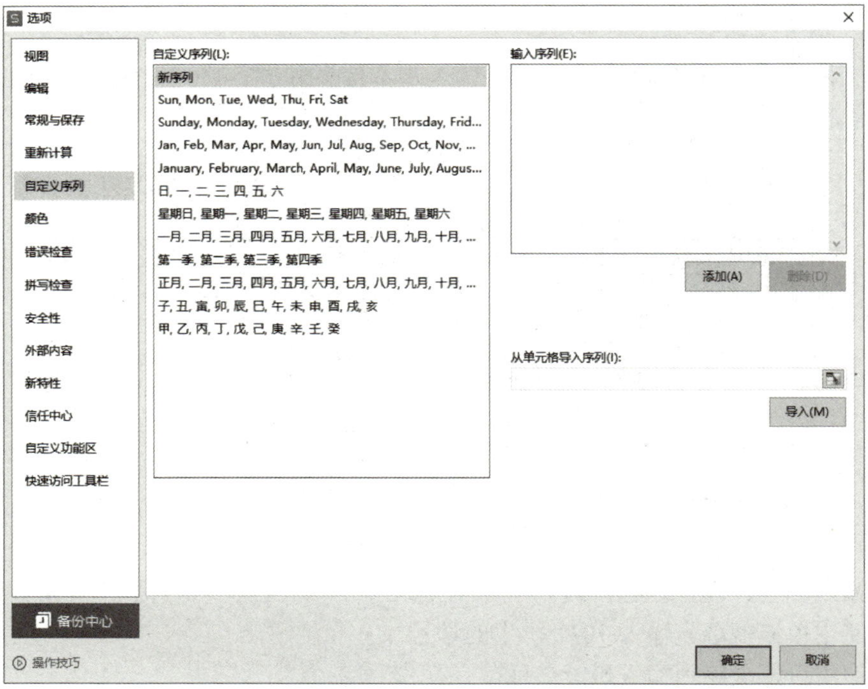

图 4-2 “选项”对话框

（2）在“输入序列”文本框中依次输入 4 个班级名称。每输入完一个班级名称，按回车键确认。全部输入结束后，单击“添加”按钮，即可建立班级新序列，如图 4-3 所示。

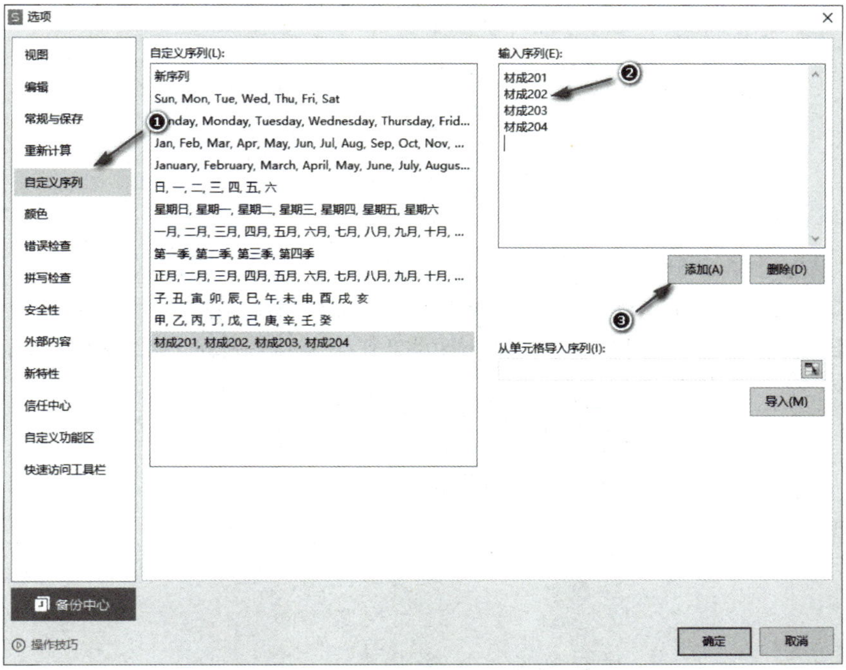

图 4-3　添加新序列

（3）班级序列建立后，返回表格，在 B3 单元格中输入自定义序列中第 1 个班级的名称“材成 201”，然后拖动 B3 右下角的填充柄至 B12 单元格，注意观察班级序列填充后的效果。

6. 输入表格其他内容

在表格中依次输入学生姓名、年龄、入学日期、入学时间和录取分数，数据内容也可自定，恰当合理即可。输入内容也可利用填充柄实现。

7. 利用数据有效性制作单元格菜单，输入学生性别

（1）选中 D3:D12 单元格区域，选择“数据”选项卡，在功能区中单击“有效性”按钮，打开“数据有效性”对话框，如图 4-4 所示。

（2）单击“设置”选项卡，在“允许”中选择“序列”选项；在“来源”中输入“男 , 女”，如图 4-4 所示。单击“确定”按钮。注意，此处逗号为英文逗号。

（3）在 D3:D12 单元格区域，利用菜单依次为每位学生选择性别，可参考图 4-5。

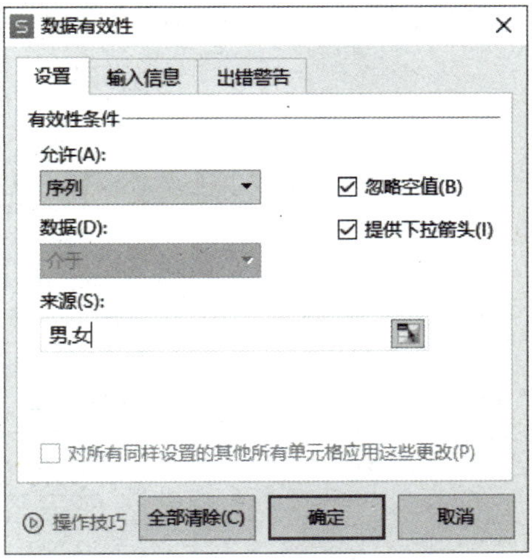

图 4-4　“数据有效性”对话框

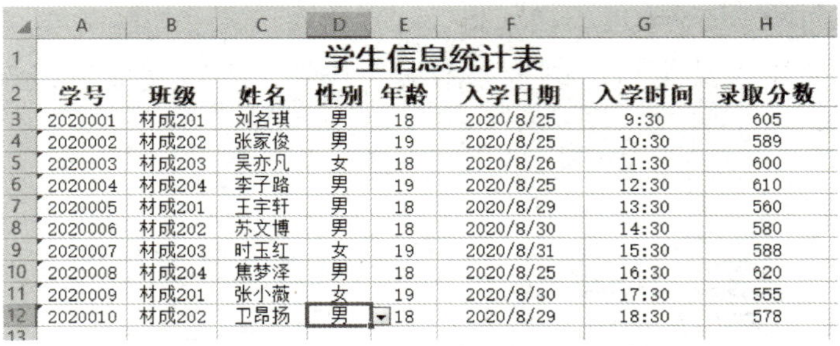

	A	B	C	D	E	F	G	H
1	学生信息统计表							
2	学号	班级	姓名	性别	年龄	入学日期	入学时间	录取分数
3	2020001	材成201	刘名琪	男	18	2020/8/25	9:30	605
4	2020002	材成202	张家俊	男	19	2020/8/25	10:30	589
5	2020003	材成203	吴亦凡	女	18	2020/8/26	11:30	600
6	2020004	材成204	李子路	男	19	2020/8/25	12:30	610
7	2020005	材成201	王宇轩	男	18	2020/8/29	13:30	560
8	2020006	材成202	苏文博	男	18	2020/8/30	14:30	580
9	2020007	材成203	时玉红	女	19	2020/8/31	15:30	588
10	2020008	材成204	焦梦泽	男	18	2020/8/25	16:30	620
11	2020009	材成201	张小薇	女	19	2020/8/30	17:30	555
12	2020010	材成202	卫昂扬	男	18	2020/8/29	18:30	578

图 4-5　选择学生性别

8．设置数据条件格式

将录取分数为 600 分以上（含 600 分）的数值，以红色、粗体显示。

（1）选中 H3:H12 单元格区域，选择“开始”选项卡，在功能区中单击“条件格式”按钮，选择“突出显示单元格规则”命令中的“其他规则”选项，如图 4-6 所示。

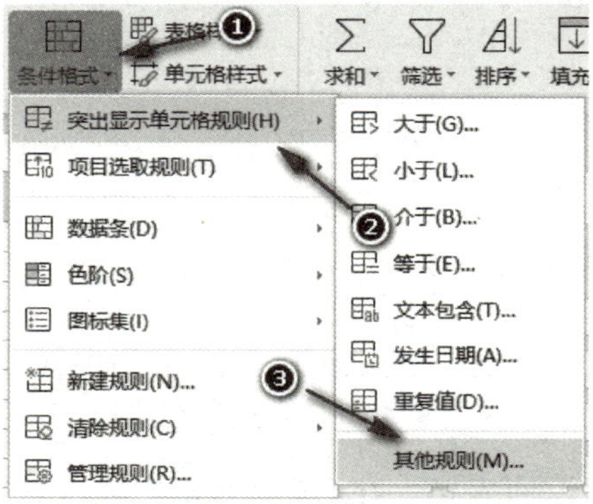

图 4-6　选择条件格式

（2）打开“新建格式规则”对话框，在“编辑规则说明”中设置录取分数单元格值大于或等于 600 分；单击“格式”按钮，弹出“单元格格式”对话框，选择“字体”选项卡，设置字体为“红色、粗体”，再单击“确定”按钮，关闭对话框。最后，如图 4-7 所示，在“新建格式规则”对话框中单击“确定”按钮完成设置。

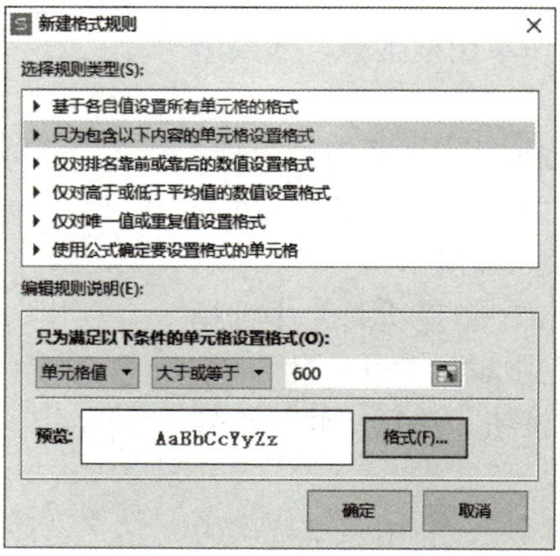

图 4-7　新建格式规则

9. 设置学生入学日期格式

选定 F3:F12 单元格区域，单击“开始”选项卡，在功能区中单击“日期”右侧的下拉按钮，选择“长日期”选项，如图 4-8 所示，即可将日期格式改变。

图 4-8　设置日期格式

10. 设置表格的边框和标题底纹

（1）选定表格内容 A2:H12 单元格区域，选择“开始”选项卡，单击“字体设置”功能区右下角的对话框启动器按钮，打开“单元格格式”对话框，选择“边框”选项卡。

（2）在“边框”选项卡中选择合适的线条样式，单击“外边框”按钮可设置外边框，单击“内部”按钮可设置内边框，如图 4-9 所示。单击“确定”按钮，即可为表格添加不同的内、外边框。

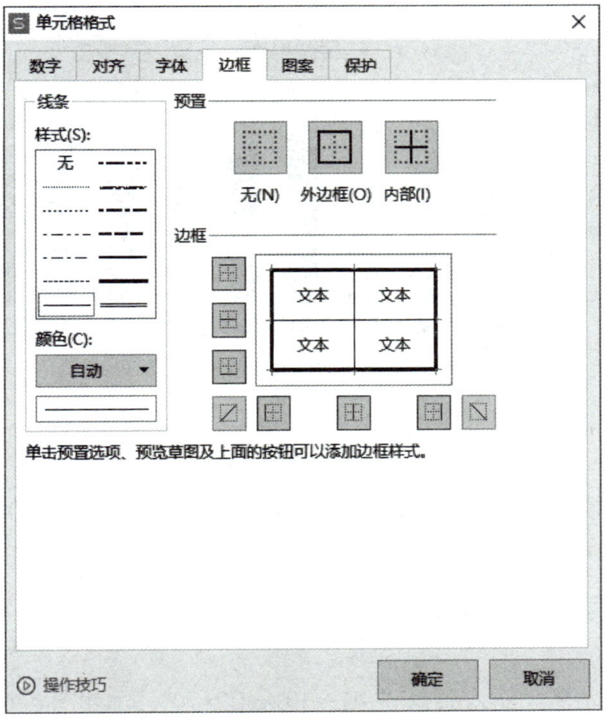

图 4-9　设置表格边框

11. 设置标题信息的填充颜色

选中表格 A2:H2 单元格区域，选择“开始”选项卡，在功能区中单击“填充颜色”按钮，选择一种合适的底纹颜色即可。

12. 将表格内容居中显示

选中 A2:H12 单元格区域，选择“开始”选项卡，在功能区中单击“水平居中”按钮，即可将表格内容居中显示。

13. 保存工作簿

最后保存工作簿即可。

4.2.2 公式、函数和图表的使用

打开本书配套素材文件夹中的表格文件“学生成绩原始数据表.xlsx”，完成任务一和任务二要求的操作，对表格进行数据计算和图表化操作，样例效果如图 4-10 所示。

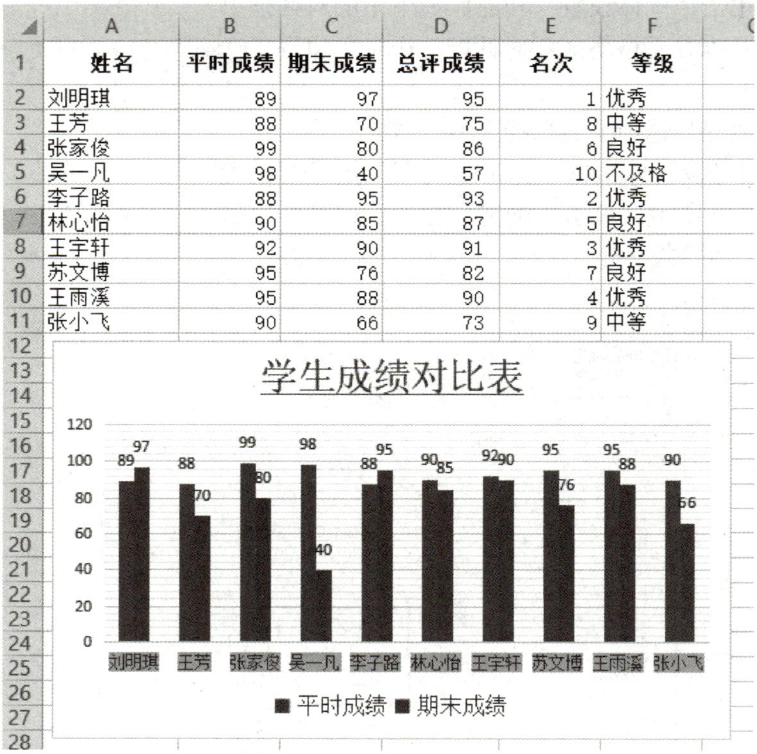

姓名	平时成绩	期末成绩	总评成绩	名次	等级
刘明琪	89	97	95	1	优秀
王芳	88	70	75	8	中等
张家俊	99	80	86	6	良好
吴一凡	98	40	57	10	不及格
李子路	88	95	93	2	优秀
林心怡	90	85	87	5	良好
王宇轩	92	90	91	3	优秀
苏文博	95	76	82	7	良好
王雨溪	95	88	90	4	优秀
张小飞	90	66	73	9	中等

图 4-10　样例效果

其中，“总评成绩”是用公式计算的，总评成绩 = 平时成绩 *30%+ 期末成绩 *70%；“名次”是用 RANK 函数计算的。

任务一　公式和函数的使用

1. 公式的使用

（1）单击 D2 单元格，输入公式“=B2*30%+C2*70%”，如图 4-11 所示。输入公式结束后，单击编辑栏中的 ✓ 按钮。

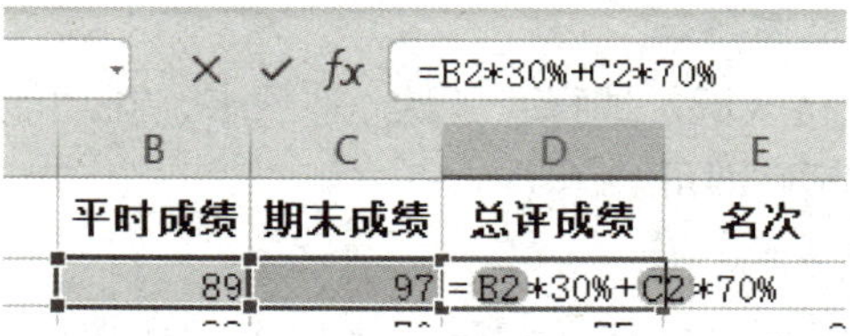

图 4-11　公式的输入

（2）选定 D2 单元格，将光标指向单元格右下角的填充柄，当光标指针变为“+”时，向下拖动鼠标到 D11 单元格，即可计算出所有学生的总评成绩。

（3）选定 D2:D11 单元格区域，选择“开始”选项卡，在功能区中单击“数值”右下角的对话框启动器按钮，在打开的对话框中将总评成绩小数位数设置为 0。

注意：

观察 D2～D11 单元格中公式的变化。D2 单元格公式中的 B2、C2 在 D3 单元格公式中分别变为 B3、C3，以此类推，在 D11 单元格公式中分别变为 B11、C11。

2. RANK 函数的使用

（1）选定 E2 单元格，单击编辑栏中的 fx 按钮，或在“开始”选项卡中单击 Σ 按钮，从中选择“其他函数”，弹出“插入函数”对话框，如图 4-12 所示。

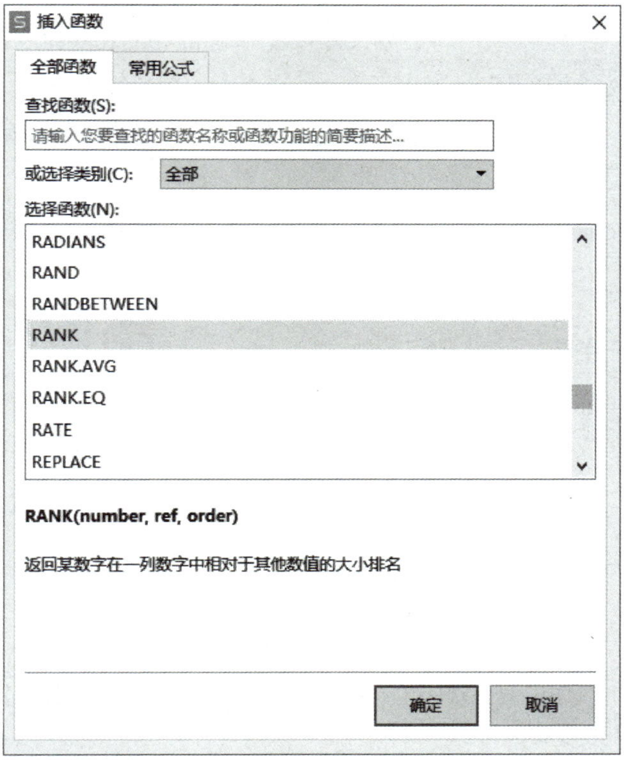

图 4-12　“插入函数”对话框

（2）在“或选择类别”中选择“全部”选项，然后在“选择函数”中选择 RANK。

（3）打开“函数参数”对话框，在“数值”中选择或输入待排序的 D2 单元格，在“引用”中选定区域 D2:D11，在“排位方式”中输入 0 或不输入数据，表示降序排列。单击“确定”按钮，完成 RANK 函数参数的输入，如图 4-13 所示。

（4）输入绝对地址。单击 E2 单元格，在编辑栏中将光标定位到待插入“$”处，按 F4 键，将公式中相对地址“D2:D11”变为绝对地址“$D$2:$D$11”，如图 4-14 中编辑栏所示，单击 ✓ 按钮，公式修改完成。

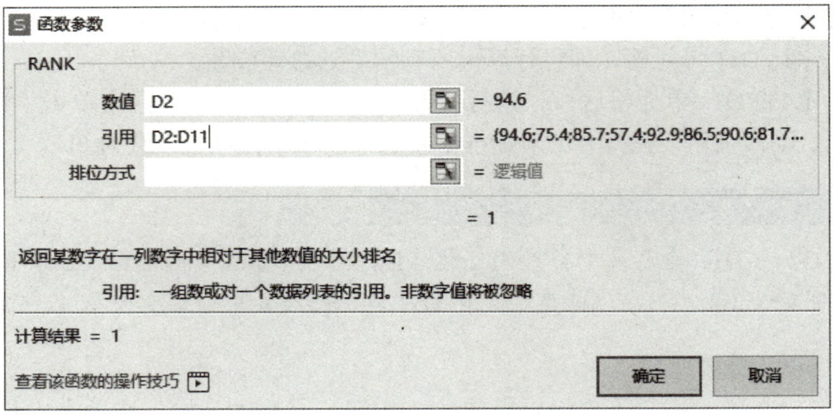

图 4-13　设置 RANK 函数参数

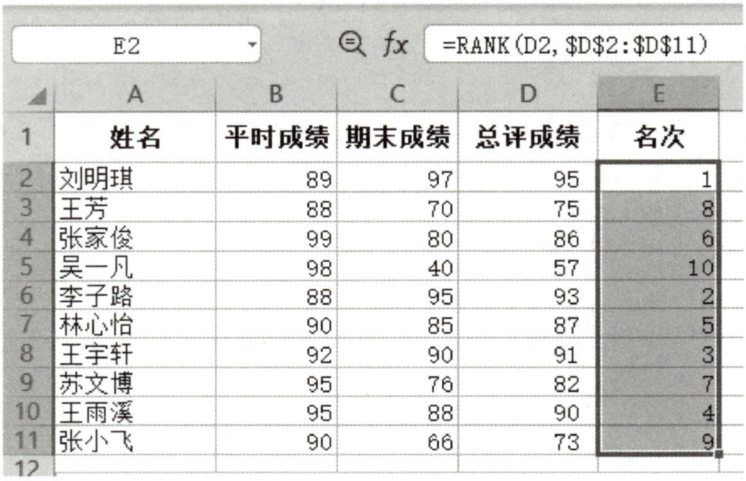

	A	B	C	D	E
1	姓名	平时成绩	期末成绩	总评成绩	名次
2	刘明琪	89	97	95	1
3	王芳	88	70	75	8
4	张家俊	99	80	86	6
5	吴一凡	98	40	57	10
6	李子路	88	95	93	2
7	林心怡	90	85	87	5
8	王宇轩	92	90	91	3
9	苏文博	95	76	82	7
10	王雨溪	95	88	90	4
11	张小飞	90	66	73	9
12					

图 4-14　利用 RANK 函数计算名次

（5）拖动 E2 单元格右下角的填充柄至 E11 单元格，公式复制完成，所有名次均已排好，如图 4-14 所示。

在公式中有如下 3 种引用单元格或者单元格区域的方法。

（1）相对引用：引用的是相对于当前行或列的实际偏移量。当把公式复制到其他单元格时，行或列引用会改变。

（2）绝对引用：引用的是单元格的实际地址。复制公式时，行和列引用不会改变。

（3）混合引用：行或列中有一个是相对引用，另一个是绝对引用。

绝对引用是在地址中使用两个“$”，一个在列字母前面，一个在行号前面，如“$D$2”。WPS Office 表格制作软件也允许混合引用，即只有一个地址部分是绝对的，如“$A4”或“A$4”。WPS Office 表格制作软件默认在公式中创建的是相对单元格引用，除非公式包含在不同工作簿或工作表中的单元格。

通过多次按 F4 键，可实现行列绝对引用、行绝对列相对引用、行相对列绝对引用和行列相对引用的切换。也可直接在行号和列号前直接加“$”。

思考：

以上操作中，在“引用”编辑框中输入的单元格区域引用地址为什么采用绝对地址，而不能采用相对地址？

3. IF 函数的使用

根据“总评成绩”求出所对应的等级。例如，D2 单元格和 F2 单元格的对应关系如表4-1 所示。

表 4-1　对应关系

D2 单元格中的值	F2 单元格中的内容
D2>=90	优秀
90> D2>=80	良好
80> D2>=70	中等
70> D2>=60	及格
D2<60	不及格

IF 函数的实现如下：

```
=IF(D2>=90," 优秀 ", IF(D2>=80," 良好 ", IF(D2>=70," 中等 ", IF(D2>=60,
" 及格 "," 不及格 "))))
```

（1）单击 F2 单元格，输入公式“=IF(D2>=90," 优秀 ", IF(D2>=80," 良好 ", IF(D2>=70,"中等 ", IF(D2>=60," 及格 "," 不及格 "))))”。注意，公式中都是英文符号。如图4-15 所示，再单击编辑栏中的✓按钮。

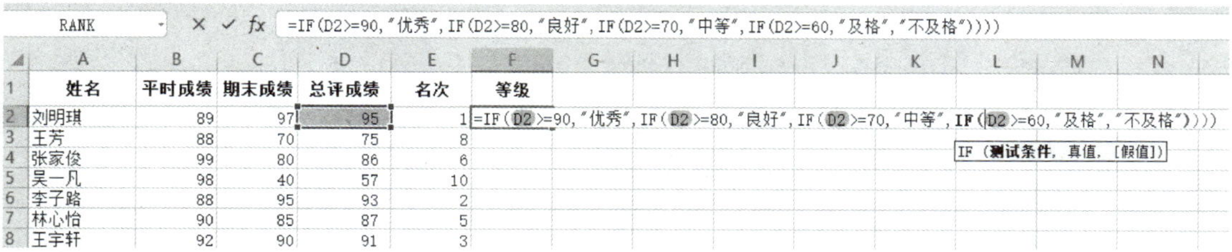
RANK　fx =IF(D2>=90,"优秀",IF(D2>=80,"良好",IF(D2>=70,"中等",IF(D2>=60,"及格","不及格"))))

	A	B	C	D	E	F
1	姓名	平时成绩	期末成绩	总评成绩	名次	等级
2	刘明琪	89	97	95	1	=IF(D2>=90,"优秀",IF(D2>=80,"良好",IF(D2>=70,"中等",IF(D2>=60,"及格","不及格"))))
3	王芳	88	70	75	8	
4	张家俊	99	80	86	6	
5	吴一凡	98	40	57	10	
6	李子路	88	95	93	2	
7	林心怡	90	85	87	5	
8	王宇轩	92	90	91	3	

IF（测试条件，真值，[假值]）

图 4-15　IF 函数的输入

（2）选定 F2 单元格，将光标指向单元格右下角的填充柄，当光标变为“+”时，向下拖动鼠标到 F11 单元格，所有公式复制完成，等级计算结束。

任务二　图表的建立

1. 建立图表

（1）选中 A1:C11 单元格区域，选择“插入”选项卡，在功能区中单击“全部图表”按钮，选择“全部图表”选项，弹出“图表”对话框，选择“柱形图”中的“簇状柱形图”选项，如图 4-16 所示。

（2）单击图表空白区域，按住鼠标左键，将其拖放到以 A12 单元格为左上角的区域。

（3）光标指向图表右下角，当光标变为⤡形状时，按住鼠标左键拖动，可以放大、缩小图表，最终将其定位于 A12:G28 单元格区域中。

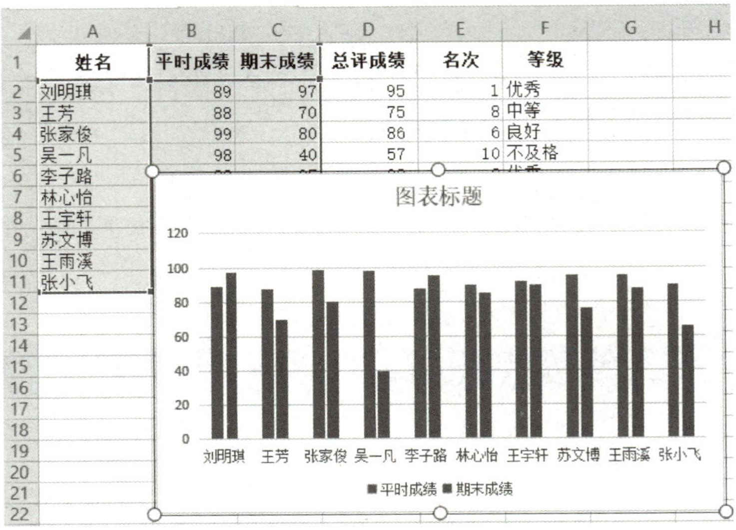

图 4-16 插入“簇状柱形图”

注意：

也可以右击图表空白处，选择“移动图表”，将图表定位于新的工作表中。

（4）单击图表空白区域，选择“图表工具”选项卡，单击“快速布局”按钮，选择“布局 1”，然后在“图表标题”框中输入“学生成绩对比表”。

（5）单击图表空白区域，选择“图表工具”选项卡，单击“图表样式”按钮，选择“样式 10”。设置完成效果如图 4-17 所示。

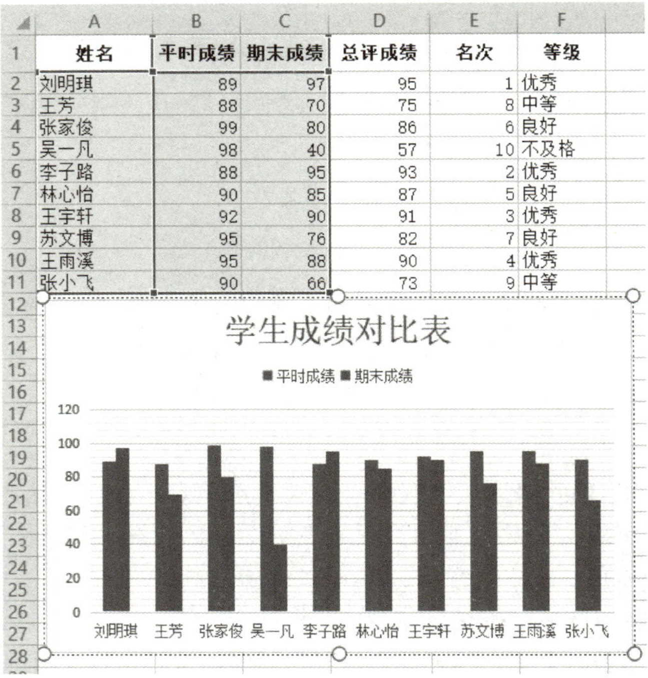

图 4-17 设置图表为“布局 1”和“样式 10”

2. 编辑图表

（1）设置文字格式。

对图表中各对象的文字格式都可以进行设置。右击图表标题“学生成绩对比表”，在弹出的快捷菜单中选择“字体”选项，将图表标题设置为 20 号、深红色、黑色单下画线。

右击图例，在弹出的快捷菜单中选择“字体”选项，将图例文字设置为 12 号。

（2）设置图例格式。

选中图表，单击图例，在表格右侧的“属性”任务窗格中选择“图例选项”选项卡中的“图例”选项。

在“图例选项”中单击“图例位置”中的“靠下”单选按钮，再勾选“显示图例，但不与图表重叠”复选框，如图 4-18 所示。

（3）设置数据标签格式。

选中图表，单击功能区的“添加元素”按钮，选择“数据标签”中的“更多选项”，如图 4-19 所示，打开“属性”任务窗格。

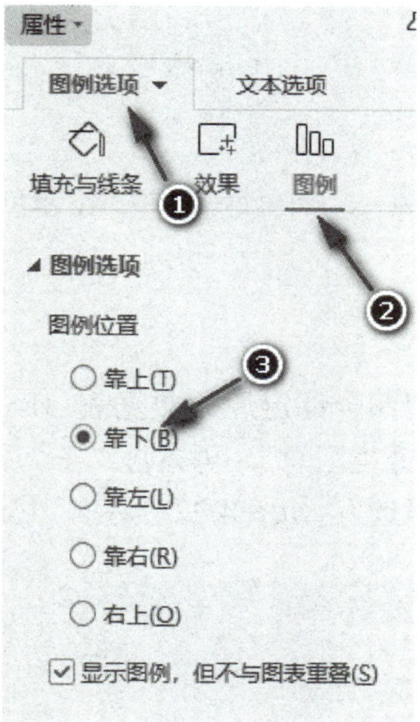

图 4-18　设置图例格式

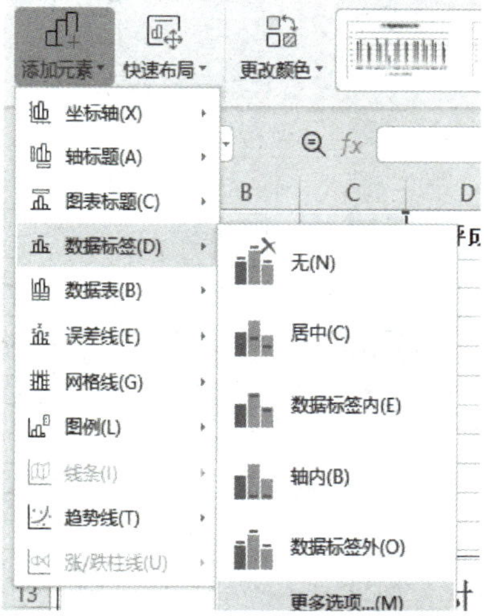

图 4-19　打开“属性”任务窗格

在右侧的“属性”任务窗格中选择“标签选项”选项卡，在“标签”中勾选“标签选项”中的“值”复选框，选择“标签位置”为“数据标签外”，如图 4-20 所示。

（4）设置水平坐标轴姓名区域的填充颜色。

选中图表，单击水平坐标轴姓名区域，在右侧的“属性”任务窗格中选择“坐标轴选项”选项卡，在“填充与线条”中单击“填充”中的“纯色填充”单选按钮，在颜色选择区域选择合适的颜色，如图 4-21 所示。

（5）保存该文件，最终设置效果参考图 4-10。

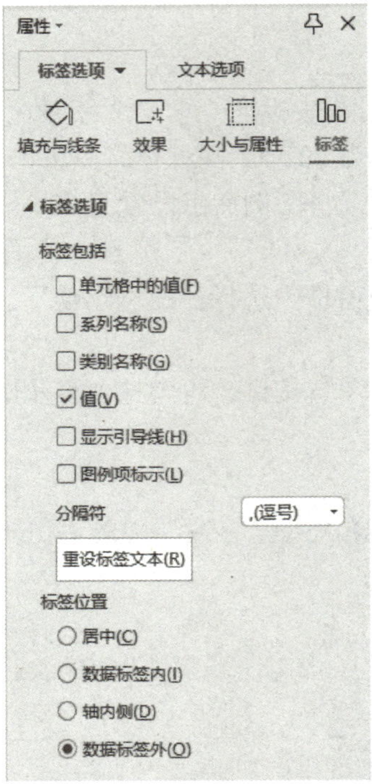

图 4-20　设置数据标签格式

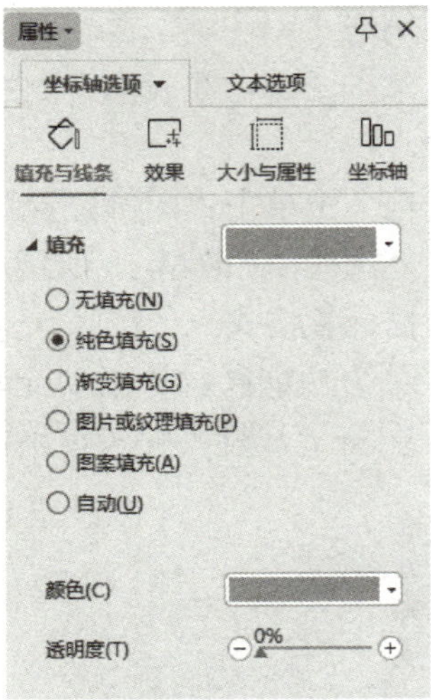

图 4-21　设置水平坐标轴姓名区域的填充颜色

4.2.3　数据管理和分析

打开本书配套素材文件夹中的工作表“学生成绩综合评定原始数据表.xlsx”，右击 Sheet1，将其重命名为“排序”，将 Sheet2 重命名为“分类汇总”。再单击“+”按钮，依次创建新工作表“嵌套分类汇总”“自动筛选”“高级筛选”，如图 4-22 所示。

图 4-22　新建所需工作表

将“原始数据”表中的数据依次复制到“排序”“分类汇总”“自动筛选”“高级筛选”这 4 张工作表中。“嵌套分类汇总”中的数据，可等待分类汇总之后，复制“分类汇总”中的数据，再进行嵌套分类汇总。在各个工作表中完成下列相应的操作后保存。

任务一　数据排序

1．单关键字排序（按班级排序）

（1）在“学生成绩综合评定原始数据表.xlsx”中打开“排序”表，单击待排序列“班级”中的任意一个单元格，如 B3 单元格。

（2）单击“数据”选项卡，选择“排序”中的“升序”或“降序”命令，可进行升序或降序排列。如单击“升序”按钮，工作表中的数据将按“班级”升序排列，如图 4-23 所示。

	学号	班级	姓名	性别	总分	写作	英语	逻辑	计算机
2	200123	材成201	李晓东	男	544	74	74	86	84
3	200107	材成201	刘宝英	女	608	82	90	87	84
4	200105	材成201	魏翠香	女	629	83	97	94	93
5	200102	材成201	刘绪	女	588	79	81	95	80
6	200125	材成202	柴纪武	男	526	76	78	70	81
7	200122	材成202	赵志杰	男	516	73	76	70	87
8	200114	材成202	卞永辉	男	506	56	70	89	70
9	200110	材成202	许宏伟	女	520	90	33	89	86
10	200120	材成203	王军政	男	554	68	85	87	88
11	200118	材成203	孙治国	男	555	71	70	84	85
12	200116	材成203	刘俊	男	538	84	79	72	88
13	200113	材成203	洪峰	男	586	80	86	88	84
14	200112	材成203	李彦宾	男	491	78	70	47	72
15	200109	材成203	申永琴	女	599	72	96	88	91
16	200108	材成203	郑会锋	女	600	85	77	96	89
17	200103	材成203	付艳利	女	628	86	93	94	91
18	200101	材成203	马红丽	女	624	89	89	92	95
19	200124	材成204	张红卫	男	543	78	74	83	75
20	200121	材成204	王伟星	男	528	77	65	71	70
21	200119	材成204	丁一夫	男	531	75	82	67	87
22	200117	材成204	邢鹏	男	597	78	84	86	96
23	200115	材成204	韩朝辉	男	569	72	83	87	85
24	200111	材成204	张琪	女	609	82	90	89	90
25	200106	材成204	赵晓娜	女	581	75	84	84	85
26	200104	材成204	张建立	男	584	82	88	89	77

图 4-23　“单关键字排序”显示结果

2. 多关键字排序（按以班级为主要关键字、学号为次要关键字排序）

（1）单击待排序数据区域“班级”列中的任意一个单元格，如 B6 单元格。

（2）在“数据”选项卡的“排序”中单击“自定义排序”按钮，打开“排序”对话框。

（3）在该对话框中，将主要关键字设置为“班级、升序”；单击“添加条件”按钮，设置新增的“次要关键字”为“学号、降序”，如图 4-24 所示。

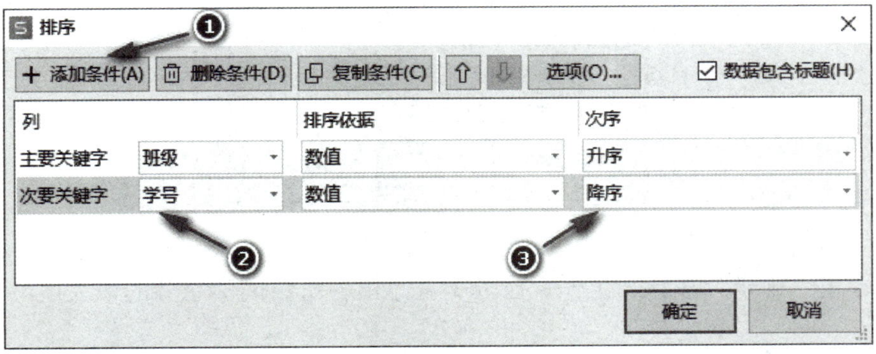

图 4-24　“排序”对话框

（4）单击“确定”按钮，自定义排序完成。

（5）保存该文件。

任务二 分类汇总

要分类汇总数据，必须先将分类的字段进行排序。

1. 简单分类汇总

要求按照班级分类，并对总分求最大值。

（1）在“学生成绩综合评定原始数据表.xlsx”中打开“分类汇总”表，将其按以班级为主要关键字升序排列。

注意：

在此，还需要再按以性别为次要关键字排序，如降序排列。因为在后面的嵌套分类汇总中，还要进一步对性别进行嵌套分类，所以此处添加性别为次要关键字并进行排序。嵌套分类汇总时，就可以将简单分类汇总复制，再做嵌套分类汇总即可。

（2）选择“数据”选项卡，在功能区中单击“分类汇总”按钮，打开“分类汇总”对话框。

（3）在该对话框中，设置“分类字段”为“班级”，设置“汇总方式”为“最大值”，设置“选定汇总项”为“总分”，如图4-25所示。

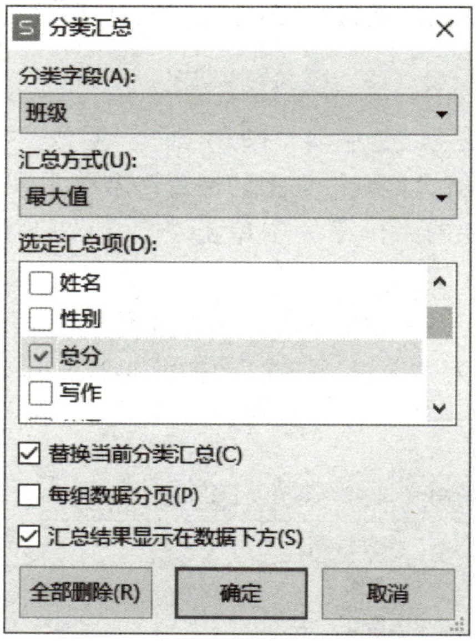

图4-25 “分类汇总”对话框

（4）单击“确定”按钮，工作表已分类汇总出各班级同学总分的最大值，如图4-26所示。

（5）单击工作表左上方的分级显示按钮 1 2 3 中的数字，可分级显示数据，单击 + 和 - 按钮，可以显示或隐藏明细数据行。

（6）保存该文件。

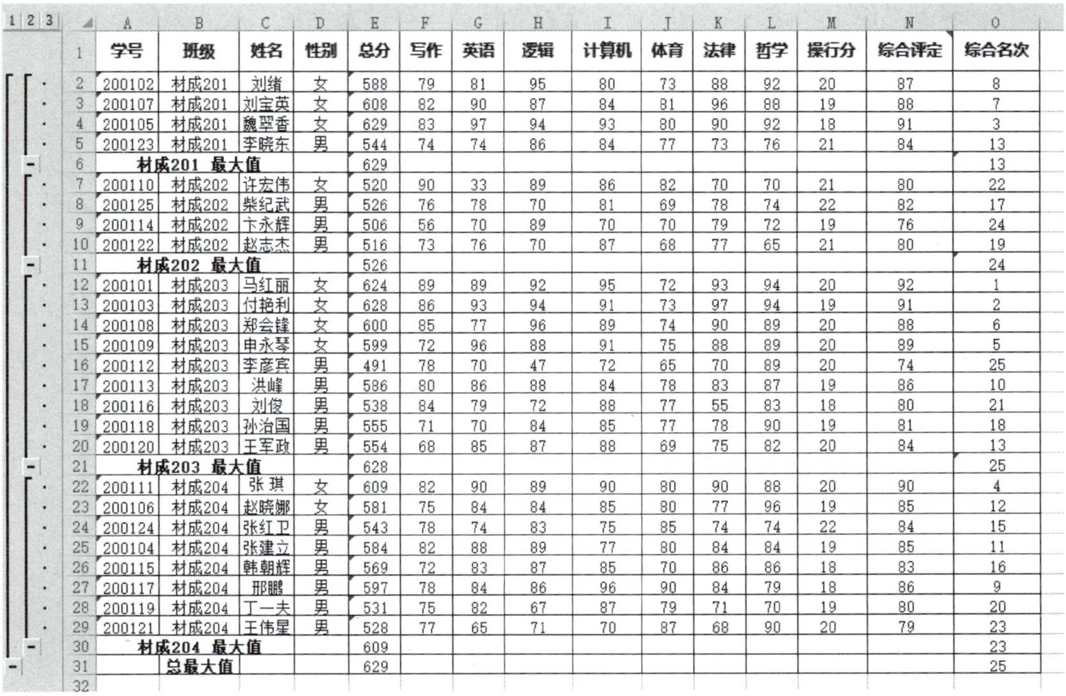

学号	班级	姓名	性别	总分	写作	英语	逻辑	计算机	体育	法律	哲学	操行分	综合评定	综合名次
200102	材成201	刘绪	女	588	79	81	95	80	73	88	92	20	87	8
200107	材成201	刘宝英	女	608	82	90	87	84	81	96	88	19	88	7
200105	材成201	魏翠香	女	629	83	97	94	93	80	90	92	18	91	3
200123	材成201	李晓东	男	544	74	74	86	84	77	73	76	21	84	13
材成201 最大值				629										13
200110	材成202	许宏伟	女	520	90	33	89	86	82	70	70	21	80	22
200125	材成202	柴纪武	男	526	76	78	70	81	69	78	74	22	82	17
200114	材成202	卞永辉	男	506	56	70	89	70	70	79	72	19	76	24
200122	材成202	赵志杰	男	516	73	76	70	87	68	77	65	21	80	19
材成202 最大值				526										24
200101	材成203	马红丽	女	624	89	89	92	95	72	93	94	20	92	1
200103	材成203	付艳利	女	628	86	93	94	91	73	97	94	19	91	2
200108	材成203	郑会锋	女	600	85	77	96	89	74	90	89	20	88	6
200109	材成203	申永琴	女	599	72	96	88	91	75	88	89	20	89	5
200112	材成203	李彦宾	男	491	78	70	47	72	65	70	89	20	74	25
200113	材成203	洪峰	男	586	80	86	88	84	78	83	87	19	86	10
200116	材成203	刘俊	男	538	84	79	72	88	77	55	83	18	80	21
200118	材成203	孙治国	男	555	71	70	84	85	77	78	90	19	81	18
200120	材成203	王军政	男	554	68	85	87	88	69	75	82	20	84	13
材成203 最大值				628										25
200111	材成204	张琪	女	609	82	90	89	90	80	90	88	20	90	4
200106	材成204	赵晓娜	女	581	75	84	84	85	80	77	96	19	85	12
200124	材成204	张红卫	男	543	78	74	83	75	85	74	74	22	84	15
200104	材成204	张建立	男	584	82	88	89	77	80	84	84	19	85	11
200115	材成204	韩朝辉	男	569	72	83	87	85	70	86	86	18	83	16
200117	材成204	邢鹏	男	597	78	84	86	96	90	84	79	18	86	9
200119	材成204	丁一夫	男	531	75	82	67	87	79	71	70	19	80	20
200121	材成204	王伟星	男	528	77	65	71	70	87	68	90	20	79	23
材成204 最大值				609										23
	总最大值			629										25

图 4-26 简单分类汇总

2. 嵌套分类汇总

（1）在“学生成绩综合评定原始数据表.xlsx”中打开“嵌套分类汇总”表，将“分类汇总”表中的数据复制到“嵌套分类汇总”表中。

（2）在“嵌套分类汇总”表中，再次打开“分类汇总”对话框，设置“分类字段”为“性别”，设置“汇总方式”为“计数”，设置“选定汇总项”为“性别”。

（3）最后，取消选定“替换当前分类汇总”复选框，如图 4-27 所示。

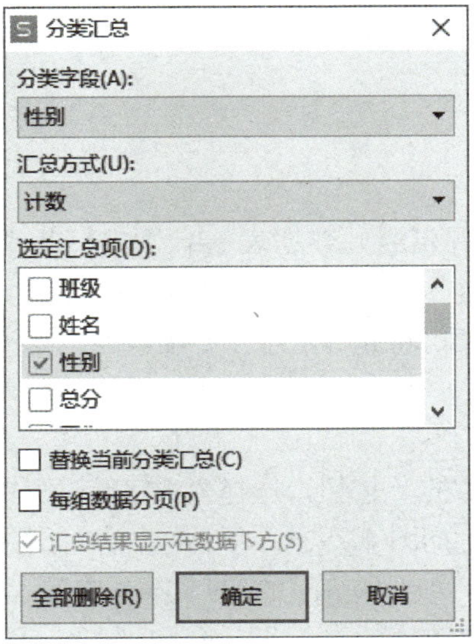

图 4-27 “分类汇总”对话框

（4）单击“确定”按钮，完成对工作表中各班级男、女学生对应人数的嵌套分类汇总，如图 4-28 所示。

	B	C	D	E	F	G	H	I	J	K	L	M	N	O
1	班级	姓名	性别	总分	写作	英语	逻辑	计算机	体育	法律	哲学	操行分	综合评定	综合名次
2	村成201	刘绪	女	588	79	81	95	80	73	88	92	20	87	8
3	村成201	刘宝英	女	608	82	90	87	84	81	96	88	19	88	7
4	村成201	魏翠香	女	629	83	97	94	93	80	90	92	18	91	3
5		女 计数	3											3
6	村成201	李晓东	男	544	74	74	86	84	77	73	76	21	84	13
7		男 计数	1											1
8	成201 最大值			629										13
9	村成202	许宏伟	女	520	90	33	89	86	82	70	70	21	80	22
10		女 计数	1											1
11	村成202	柴纪武	男	526	76	78	70	81	69	78	74	22	82	17
12	村成202	卞永辉	男	506	56	70	89	70	70	79	72	19	76	24
13	村成202	赵志杰	男	516	73	76	70	87	68	77	65	21	80	19
14		男 计数	3											3
15	成202 最大值			526										24
16	村成203	马红丽	女	624	89	89	92	95	72	93	94	20	92	1
17	村成203	付艳利	女	628	86	93	94	91	73	97	94	19	91	2
18	村成203	郑会锋	女	600	85	77	96	89	74	90	89	20	88	6
19	村成203	申永琴	女	599	72	96	88	91	75	88	89	20	89	5
20		女 计数	4											4
21	村成203	李彦宾	男	491	78	70	47	72	65	70	89	20	74	25
22	村成203	洪峰	男	586	80	86	88	84	78	83	87	19	86	10
23	村成203	刘俊	男	538	84	79	72	88	77	55	83	18	80	21
24	村成203	孙治国	男	555	71	70	84	85	77	78	90	19	81	18
25	村成203	王军政	男	554	68	85	87	88	69	75	82	20	84	13
26		男 计数	5											5
27	成203 最大值			628										25
28	村成204	张琪	女	609	82	90	89	90	80	90	88	20	90	4
29	村成204	赵晓娜	女	581	75	84	84	85	80	77	96	19	85	12
30		女 计数	2											2
31	村成204	张红卫	男	543	78	74	83	75	85	74	74	22	84	15
32	村成204	张建立	男	584	82	88	89	77	80	84	84	19	85	11
33	村成204	韩朝辉	男	569	72	83	87	85	70	86	86	18	83	16
34	村成204	邢鹏	男	597	78	84	86	96	90	84	79	18	86	9
35	村成204	丁一夫	男	531	75	82	67	87	79	71	70	19	80	20
36	村成204	王伟星	男	528	77	65	71	70	87	68	90	20	79	23
37		男 计数	6											6
38	成204 最大值			609										23
39		总计数	25											25
40	总最大值			629										25

图 4-28 “嵌套分类汇总”显示结果

（5）保存该文件。

注意：

若要取消分类汇总，可选择“数据”选项卡，在功能区中单击“分类汇总”按钮，在“分类汇总”对话框中单击“全部删除”按钮。

任务三 数据筛选

1. 自动筛选

要求在“学生成绩综合评定原始数据表.xlsx”中打开“自动筛选”表，在“自动筛选”表中自动筛选出总分超过 500 且英语成绩大于 80 的学生数据。

（1）单击“自动筛选”表，将光标定位于要筛选的数据清单的任意一个单元格。

（2）选择“数据”选项卡，在功能区中单击“自动筛选”按钮，即可看到每列标题旁都出现自动筛选按钮。

（3）单击“总分”右下方的▼按钮，选择“数字筛选”中的“大于”命令，弹出“自定义自动筛选方式”对话框，如图 4-29 所示。

（4）在该对话框中选择“大于”，在右侧的文本框中输入“500”，单击“确定”按钮。

（5）用类似的方法设置英语成绩大于 80，自动筛选结果如图 4-30 所示。

（6）保存该文件。

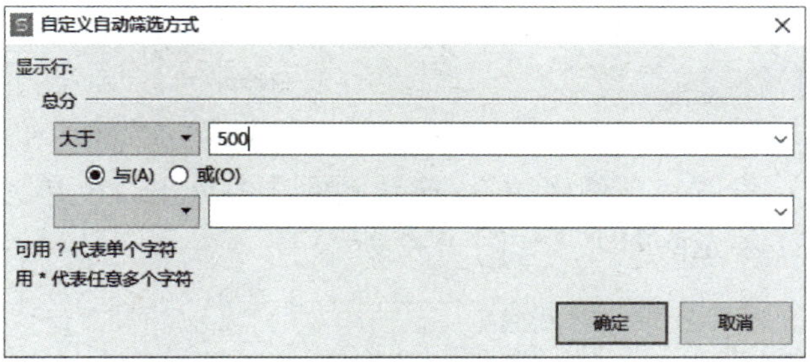

图 4-29　“自定义自动筛选方式”对话框

	A	B	C	D	E	F	G	H	I	J	K	L	M	N	O
1	学号	班级	姓名	性别	总分	写作	英语	逻辑	计算机	体育	法律	哲学	操行分	综合评定	综合名次
2	200101	材成203	马红丽	女	624	89	89	92	95	72	93	94	20	92	1
3	200102	材成201	刘绪	女	588	79	81	95	80	73	88	92	20	87	8
7	200103	材成203	付艳利	女	628	86	93	94	91	73	97	94	19	91	2
8	200107	材成201	刘宝英	女	608	82	90	87	84	81	96	88	19	88	7
10	200109	材成203	申永琴	女	599	72	96	88	91	75	88	89	20	89	5
11	200111	材成204	张琪	女	609	82	90	89	90	80	90	88	20	90	4
13	200113	材成203	洪峰	男	586	80	86	88	84	78	83	87	19	86	10
15	200104	材成204	张建立	男	584	82	88	89	77	80	84	84	19	85	11
16	200105	材成201	魏翠香	女	629	83	97	94	93	80	90	92	18	91	3
17	200106	材成204	赵晓娜	女	581	75	84	84	85	80	77	96	19	85	12
19	200115	材成204	韩朝辉	男	569	72	83	87	85	70	86	86	18	83	16
20	200117	材成204	邢鹏	男	597	78	84	86	96	90	84	79	18	86	9
22	200119	材成204	丁一夫	男	531	75	82	67	87	79	71	70	19	80	20
23	200120	材成203	王军政	男	554	68	85	87	88	69	75	82	20	84	13

图 4-30　自动筛选结果

2. 高级筛选

要进行高级筛选，首先需要选择条件区域，并且要确保条件区域和数据区域之间至少空一行或一列。

（1）单击“高级筛选”表，把 A28:D29 单元格区域作为条件区域。方法是在 A28:D28 单元格区域依次输入筛选字段名称：总分、写作、英语、综合名次。在 A29:D29 单元格区域依次输入需要同时满足的筛选条件：>500、>80、>85、<5，如图 4-31 所示。

	A	B	C	D	E	F	G	H
11	200111	材成204	张琪	女	609	82	90	89
12	200112	材成203	李彦宾	男	491	78	70	47
13	200113	材成203	洪峰	男	586	80	86	88
14	200116	材成203	刘俊	男	538	84	79	72
15	200104	材成204	张建立	男	584	82	88	89
16	200105	材成201	魏翠香	女	629	83	97	94
17	200106	材成204	赵晓娜	女	581	75	84	84
18	200114	材成202	卞永辉	男	506	56	70	89
19	200115	材成204	韩朝辉	男	569	72	83	87
20	200117	材成204	邢鹏	男	597	78	84	86
21	200118	材成203	孙治国	男	555	71	70	84
22	200119	材成204	丁一夫	男	531	75	82	67
23	200120	材成203	王军政	男	554	68	85	87
24	200121	材成204	王伟星	男	528	77	65	71
25	200122	材成202	赵志杰	男	516	73	76	70
26	200123	材成201	李晓东	男	544	74	74	86
27								
28	总分	写作	英语	综合名次				
29	>500	>80	>85	<5				
30								

图 4-31　“高级筛选”条件区域的输入

（2）将光标定位于数据区域的任意一个单元格，右击，选择“筛选”→“自动筛选”，打开“高级筛选”对话框。

（3）在“方式”中单击“将筛选结果复制到其他位置”单选按钮；“列表区域”默认为数据区域 A1:O26；设置“条件区域”，拖动鼠标选中 A28:D29 单元格区域；设置“复制到”，单击选中 A31 单元格即可，如图 4-32 所示。

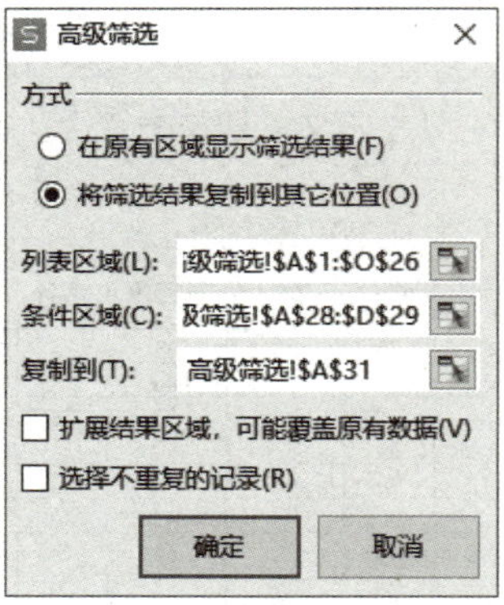

图 4-32 “高级筛选”对话框

（4）单击“确定”按钮，完成高级筛选操作，如图 4-33 所示。

	A	B	C	D	E	F	G	H	I	J	K	L	M	N	O
1	学号	班级	姓名	性别	总分	写作	英语	逻辑	计算机	体育	法律	哲学	操行分	综合评定	综合名次
2	200101	材成203	马红丽	女	624	89	89	92	95	72	93	94	20	92	1
3	200102	材成201	刘绪	女	588	79	81	95	80	73	88	92	20	87	8
4	200110	材成202	许宏伟	女	520	90	33	89	86	82	70	70	21	80	22
5	200124	材成204	张红卫	男	543	78	74	83	75	85	74	74	22	84	15
6	200125	材成202	柴纪武	男	526	76	78	70	81	69	78	74	22	82	17
7	200103	材成203	付艳利	女	628	86	93	94	91	73	97	94	19	91	2
8	200107	材成201	刘宝英	女	608	82	90	87	84	81	96	88	19	88	7
9	200108	材成203	郑会锋	女	600	85	77	96	89	74	90	89	20	88	6
10	200109	材成203	申永琴	女	599	72	96	88	91	75	88	89	20	89	5
11	200111	材成204	张 琪	女	609	82	90	89	90	80	90	88	20	90	4
12	200112	材成203	李彦宾	男	491	78	70	47	72	65	70	89	20	74	25
13	200113	材成203	洪峰	男	586	80	86	88	84	78	83	87	19	86	10
14	200116	材成203	刘俊	男	538	84	79	72	88	77	55	83	18	80	21
15	200104	材成204	张建立	男	584	82	88	89	77	80	84	84	19	85	11
16	200105	材成201	魏翠香	女	629	83	97	94	93	80	90	92	18	91	3
17	200106	材成204	赵晓娜	女	581	75	84	84	85	80	77	96	19	85	12
18	200114	材成202	卞永辉	男	506	56	70	89	70	70	79	72	19	76	24
19	200115	材成204	韩朝辉	男	569	72	83	87	85	70	86	86	18	83	16
20	200117	材成204	邢鹏	男	597	78	84	86	96	90	84	79	18	86	9
21	200118	材成203	孙治国	男	555	71	70	84	85	77	78	90	19	81	18
22	200119	材成204	丁一夫	男	531	75	82	67	87	79	71	70	19	80	20
23	200120	材成203	王军政	男	554	68	85	87	88	69	75	82	20	84	13
24	200121	材成204	王伟星	男	528	77	65	71	70	87	68	90	20	79	23
25	200122	材成202	赵志杰	男	516	73	76	70	87	68	77	65	21	80	19
26	200123	材成201	李晓东	男	544	74	74	86	84	77	73	76	21	84	13
27															
28	总分	写作	英语	综合名次											
29	>500	>80	>85	<5											
30															
31	学号	班级	姓名	性别	总分	写作	英语	逻辑	计算机	体育	法律	哲学	操行分	综合评定	综合名次
32	200101	材成203	马红丽	女	624	89	89	92	95	72	93	94	20	92	1
33	200103	材成203	付艳利	女	628	86	93	94	91	73	97	94	19	91	2
34	200111	材成204	张 琪	女	609	82	90	89	90	80	90	88	20	90	4
35	200105	材成201	魏翠香	女	629	83	97	94	93	80	90	92	18	91	3
36															

图 4-33 高级筛选结果

（5）保存该文件。

在条件区域中可以根据需要定义多个条件，以便筛选符合多个条件的记录。多个条件如果输入到条件区域的同一行上，表明各个条件之间为“与”的关系，即必须满足这些条件同时成立，该记录才算符合条件；如果输入到不同行上，表明各个条件之间为“或”关系，即这些条件中只要满足有一个条件成立，该记录就算符合条件。

任务四　创建数据透视表

数据透视表是可以对大量数据进行快速汇总、建立交叉列表的交互式表格，利用数据透视表，可以对表中数据进行重新组织和处理，迅速抽取出我们需要的信息。

要求：从“学生学分统计表”中获取每个学生各门课的学分情况，行显示为姓名和课程性质，列显示为课程名称，并求学分总和。

（1）打开本书配套素材文件夹中的工作表“学生学分统计表 .xlsx”，将光标定位于数据区域中任意一个单元格。

（2）选择“插入”选项卡，在功能区中单击“数据透视表”按钮，打开“创建数据透视表”对话框，如图 4-34 所示。

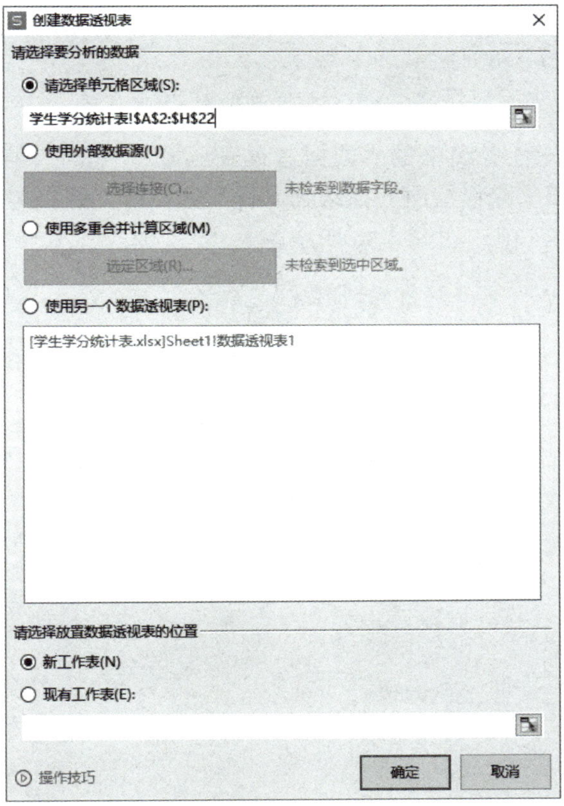

图 4-34　“创建数据透视表”对话框

（3）在该对话框中，默认区域是“学生学分统计表 !$A$2:$H$22”，如果需要改动，单击右侧的“切换选择数据区域”按钮再进行选择即可。

（4）选定“请选择放置数据透视表的位置”中的“新工作表”单选按钮，单击“确定”按钮，弹出“数据透视表”窗格，如图 4-35 所示。注意，Sheet1 是生成的新工作表用于存放数据透视表。

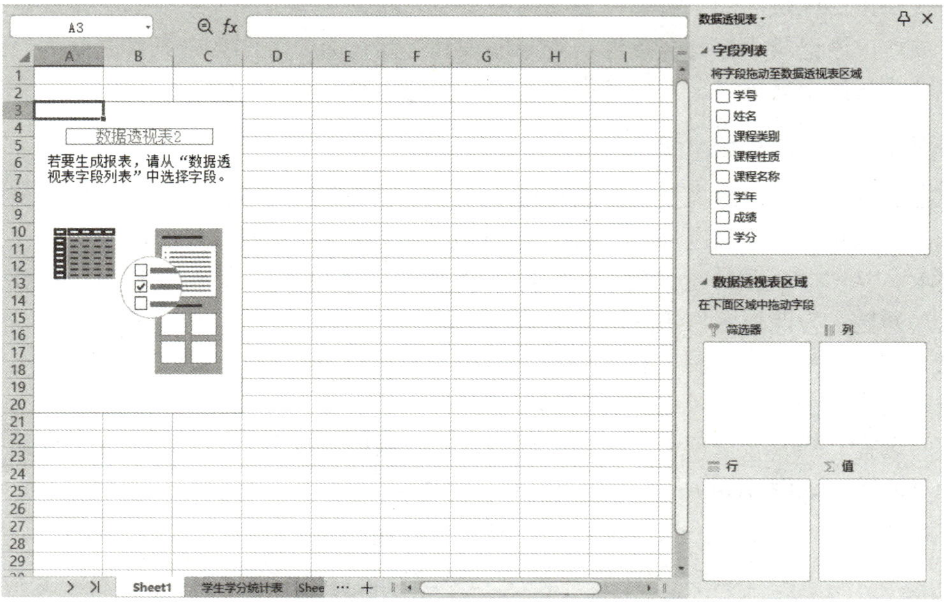

图 4-35　“数据透视表”窗格

（5）在图 4-35 右侧任务窗格的“数据透视表区域”，将“课程类别”拖动到“筛选器”区，将“姓名”和“课程性质”拖动到“行”区，将“课程名称”拖动到“列”区，将“学分”拖动到“值”区，如图 4-36 所示。

图 4-36　数据透视表布局设置

（6）单击“求和项:学分”下拉按钮，选择“值字段设置”选项，打开“值字段设置”对话框，在“值字段汇总方式”中设置学分汇总方式为“求和”，如图 4-37 所示。

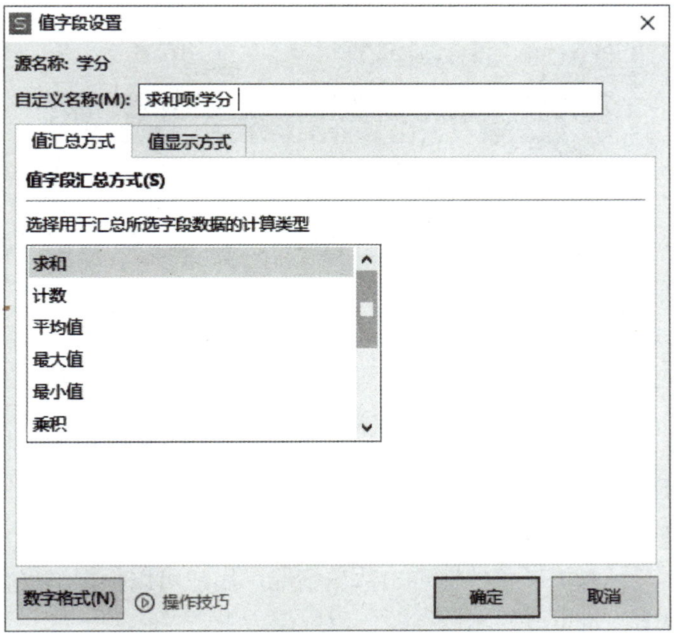

图 4-37 “值字段设置”对话框

（7）单击“确定”按钮，完成“学分”数据透视表的创建，新建的数据透视表默认是插入 Sheet1，如图 4-38 所示。

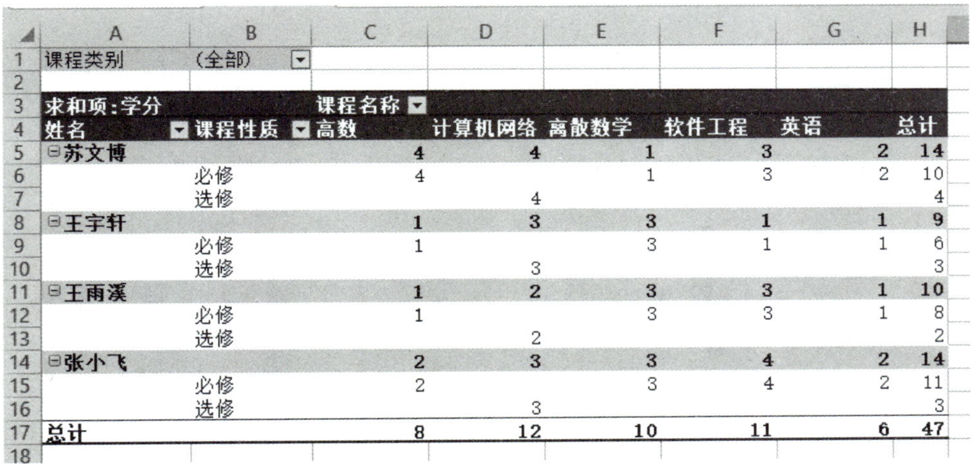

课程类别	(全部)						
求和项:学分		课程名称					
姓名	课程性质	高数	计算机网络	离散数学	软件工程	英语	总计
⊟苏文博		4	4	1	3	2	14
	必修	4		1	3	2	10
	选修		4				4
⊟王宇轩		1	3	3	1	1	9
	必修	1		3	1	1	6
	选修		3				3
⊟王雨溪		1	2	3	3	1	10
	必修	1		3	3	1	8
	选修		2				2
⊟张小飞		2	3	3	4	2	14
	必修	2		3	4	2	11
	选修		3				3
总计		8	12	10	11	6	47

图 4-38 “学分”数据透视表

（8）单击图 4-38 中的下拉按钮和姓名前面的⊟可以查看或隐藏不同的内容。例如，单击“课程类别”下拉按钮，可以查看“公共基础”课程所有学生的学分汇总情况，如图 4-39 所示。

（9）保存该文件。

数据透视表可以对多字段内容进行单独统计。数据透视表中的数据是只读的，因此，只能通过修改与之链接的工作表中的数据，然后在数据透视表中刷新数据才能完成修改。

	A	B	C	D	E
1	课程类别	公共基础			
2					
3	求和项:学分		课程名称		
4	姓名	课程性质	高数	英语	总计
5	⊟苏文博		4	2	6
6		必修	4	2	6
7	⊟王宇轩		1	1	2
8		必修	1	1	2
9	⊟王雨溪		1	1	2
10		必修	1	1	2
11	⊟张小飞		2	2	4
12		必修	2	2	4
13	总计		8	6	14
14					

图 4-39 “公共基础”课程学分数据透视表

任务五 利用数据透视表创建数据透视图

数据透视图是另一种数据表现形式，与数据透视表不同的是，它可以选择适当的图形来描述数据的特性，可以更形象地体现出数据情况。用户可以根据已经创建好的数据透视表来创建数据透视图，也可以根据数据源创建数据透视图。

（1）打开任务四中如图 4-39 所示的“公共基础”课程学分数据透视表，单击任意一个数据单元格。

（2）选择“插入”选项卡，在功能区中单击“数据透视图”按钮，打开“插入图表”对话框，如图 4-40 所示。

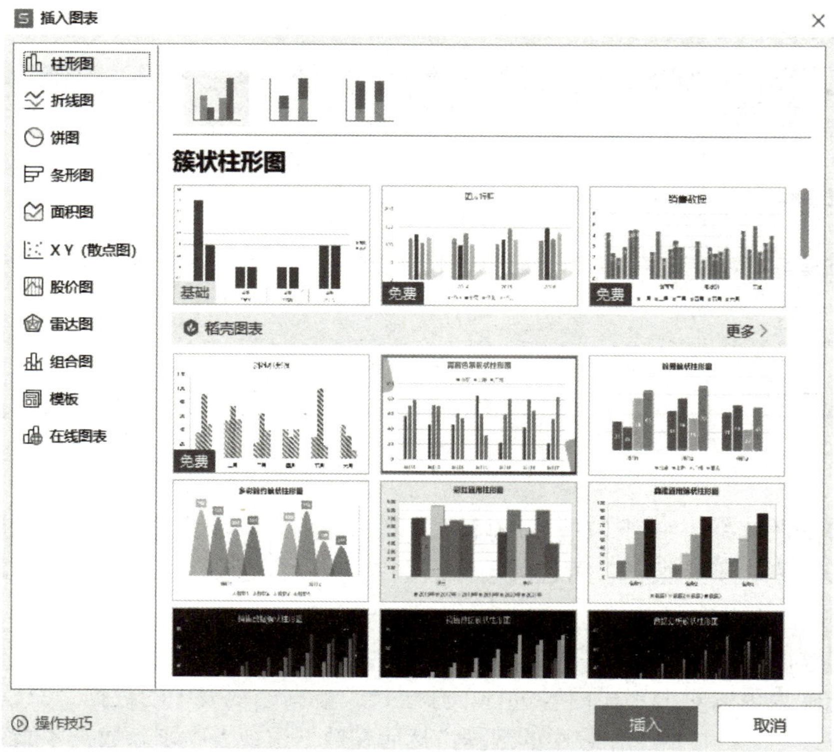

图 4-40 “插入图表”对话框

（3）在“插入图表”对话框中，选择“柱形图”中“簇状柱形图”的第 1 个样式。

（4）单击“确定”按钮，即可插入数据透视图，如图 4-41 所示。

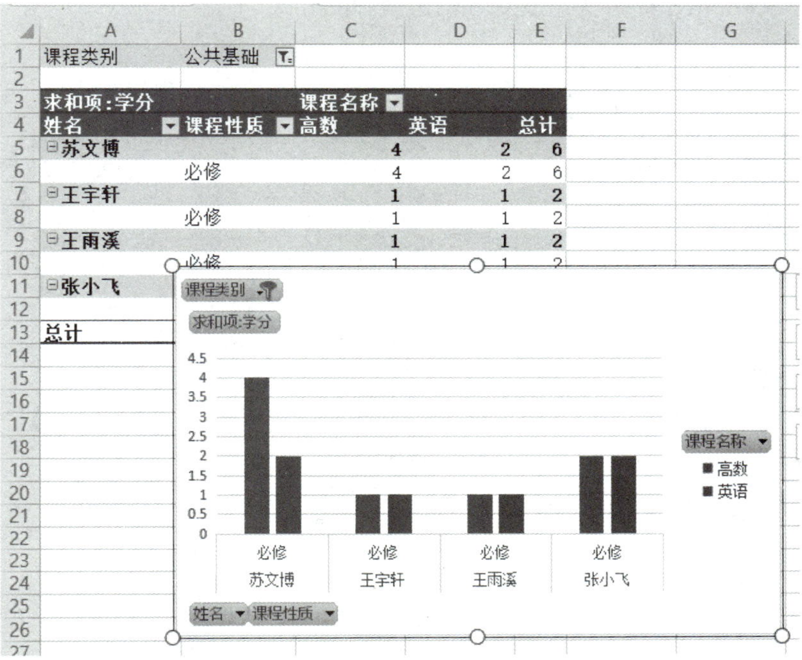

图 4-41　插入“公共基础”课程学分数据透视图

（5）仅显示“高数”选课情况。

在数据透视图中，单击“课程名称”下拉按钮，去掉其他选项，仅选择“高数”，显示“高数”的相关数据，如图 4-42 所示。

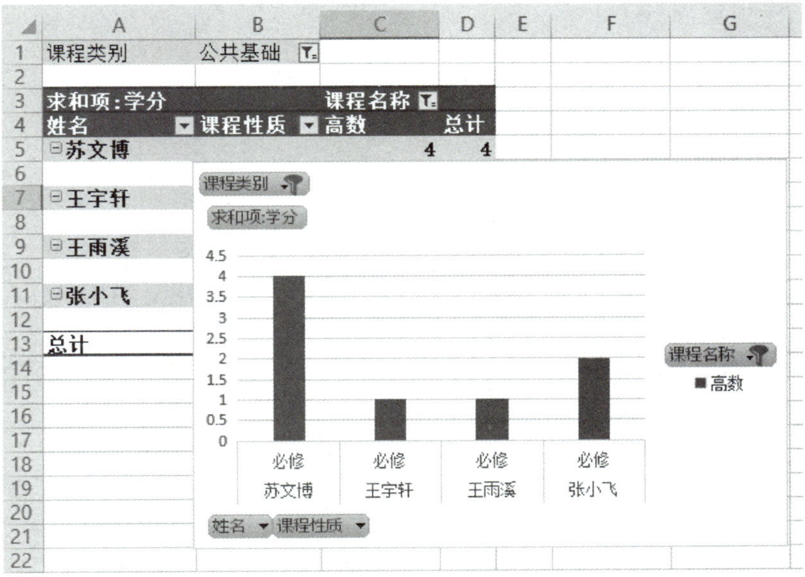

图 4-42　筛选“高数”课程学分数据透视图

（6）设置数据透视图的样式。

选择“图表工具”选项卡，在功能区中单击“图表样式”按钮，选择一种合适的图表样式，如图 4-43 所示，即可快速改变数据透视图的样式。

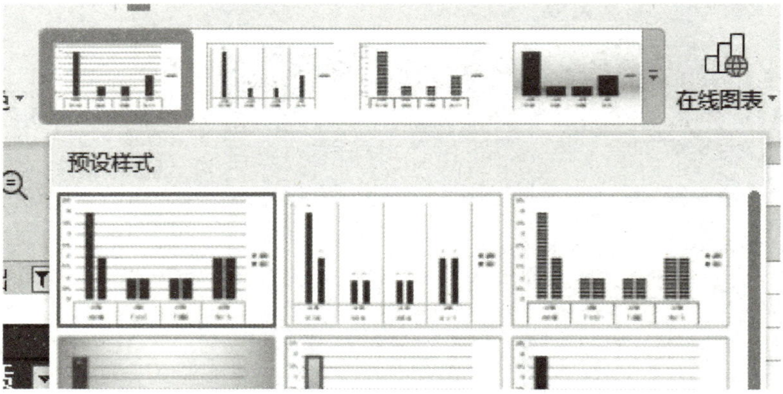

图 4-43　设置数据透视图的样式

（7）保存该文件。

实验 5 WPS Office 演示文稿设计

5.1 实验目的

（1）掌握演示文稿的制作及编辑方法。
（2）掌握幻灯片的切换及演示文稿放映的各种方法。
（3）掌握演示文稿超链接的设置及对象自定义动画效果的设置。
（4）掌握模板的使用和在演示文稿中插入各种对象的方法。

5.2 实验内容

5.2.1 演示文稿的制作

演示文稿的制作包括确定主题、收集素材、幻灯片的制作与编辑、幻灯片预演等内容。

制作一个成功的演示文稿需要把握以下几个原则：
（1）主题明确，提纲挈领，内容精练，忌长篇大论、冗长啰唆；
（2）逻辑清晰，内容组织结构化，有效助力演讲过程；
（3）风格一致，页面简洁；
（4）文字颜色与背景颜色分明，忌颜色相近、难以分辨。

任务一 制作演示文稿

制作一个包含 6 张幻灯片、主题为“个人简介”的演示文稿作品，首页为封面，其他各页表现不同的内容，具体要求如表 5-1 所示。

表 5-1 演示文稿内容要求

页面	标题	内容	表现形式
1	个人简介	标题、目录	文字、图片
2	个人资料	姓名、性别、年龄、毕业院校、家庭住址等	文字、图片或个人照片
3	专业知识	专业名称、基础课程、专业课程等	文字、图片、剪贴画
4	爱好特长	个人爱好、特长及取得的成果	文字、图片、剪贴画
5	家乡介绍	家乡简介、山水、特产等	文字、图片
6	致谢	感谢语	文字、图片

实验步骤如下。

（1）启动 WPS Office 演示文稿设计软件。

（2）在“新建”选项卡中选择“演示”，在“新建空白文档”项中单击“以白色为背景新建空白演示”按钮，打开一个空白演示文稿，如图 5-1 所示。也可以在新建文档时选择使用推荐的模板，在“品类专区”中选择模板的品类即可。

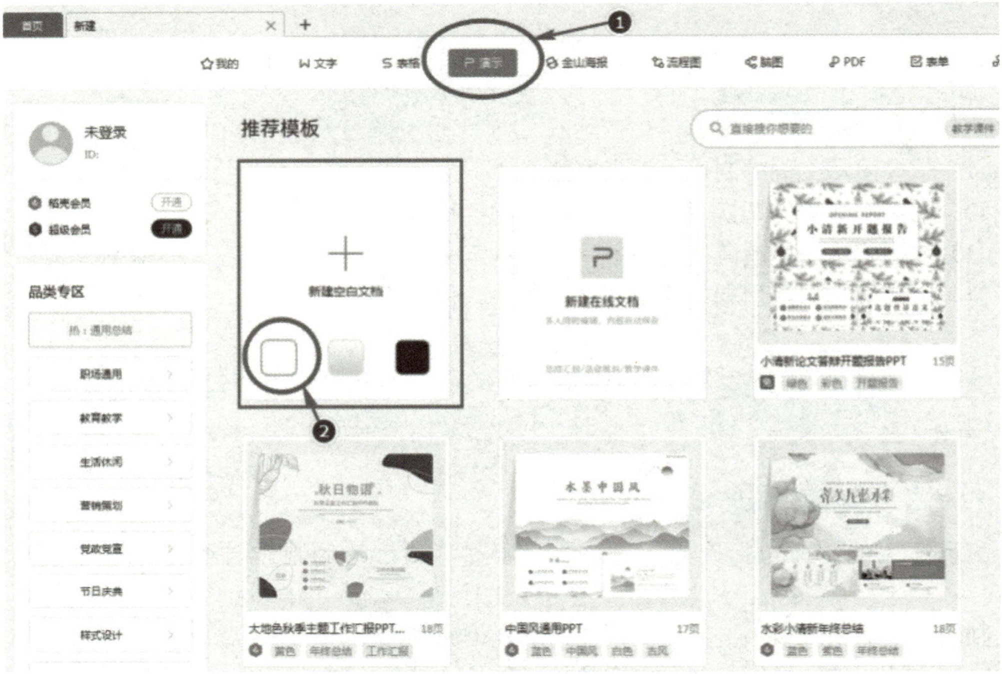

图 5-1　新建演示文稿

（3）设计幻灯片版式。

在“设计”选项卡的工具栏中单击“版式”按钮，在所提供的版式列表中挑选自己所需的版式，如图 5-2 所示。可选择空白版式，自己添加文本框，完成内容的输入和编辑。

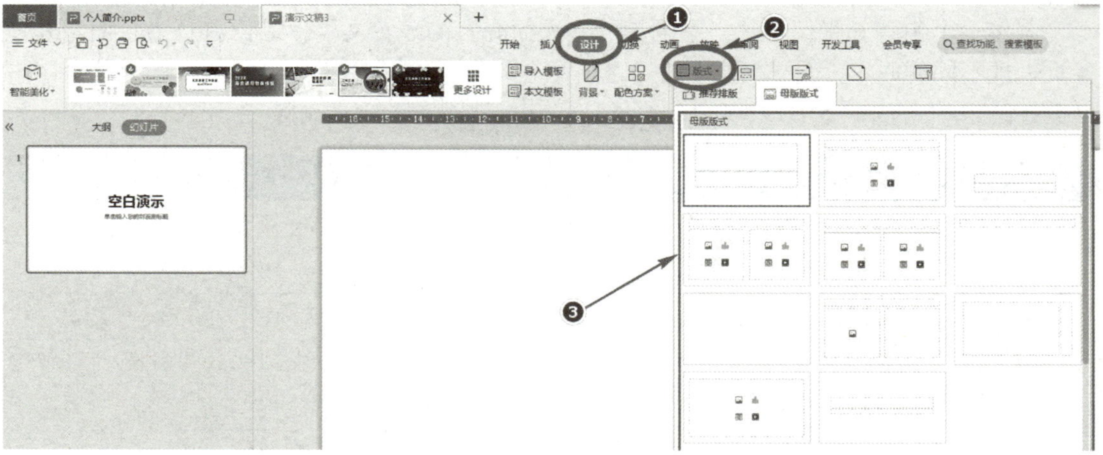

图 5-2　设计幻灯片版式

（4）设计幻灯片背景。

方法 1：选择“设计”选项卡，在样式列表中选择一个已有的渐变背景样式。

方法 2：选择“设计”选项卡，单击“背景”按钮，选择“背景”选项，在右侧的“对象属性”窗格中设置背景属性，具体如下。

选择填充的颜色，这里选择橙色。

选择渐变填充。

选择填充的渐变样式。

单击滑块，设置色标的颜色，拖动滑块的位置分别设置起、止点的颜色和渐变的层次（若要删除起、止点中间的滑块，直接用鼠标将其拖离即可）。

完成以上步骤后，单击填充工作区下方的“全部应用”按钮，可实现整个文稿中每页背景的统一。

背景的设置如图 5-3 所示。

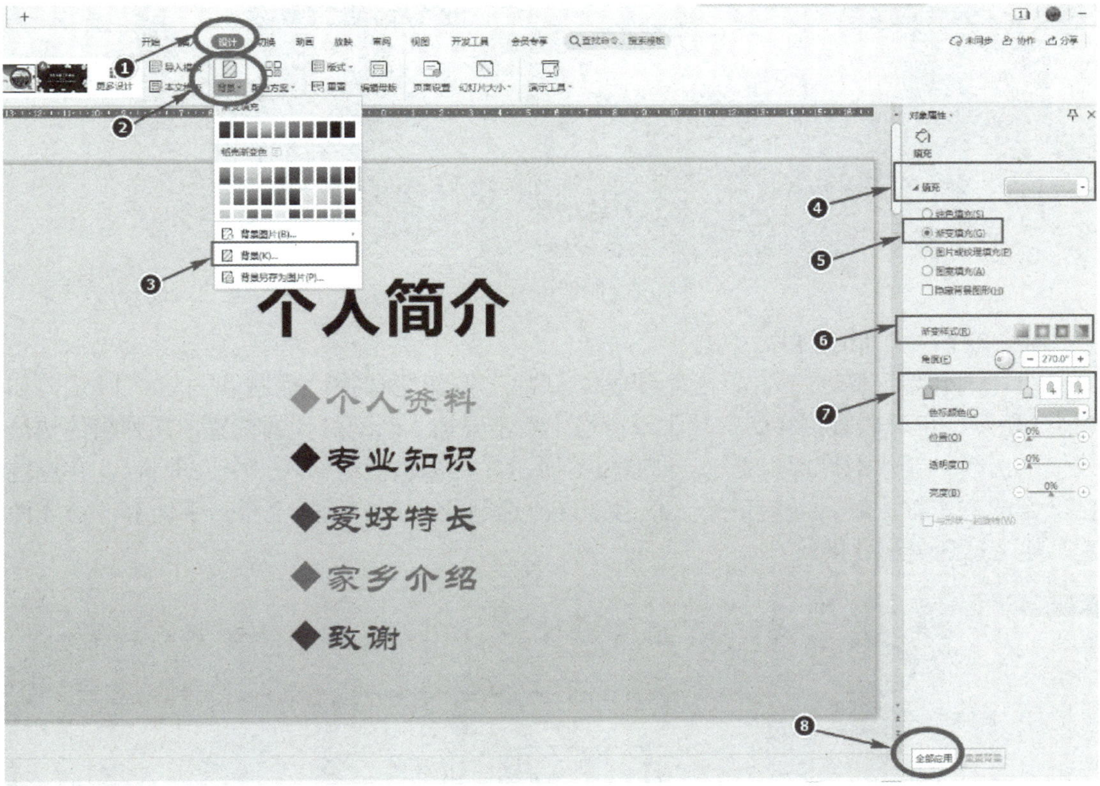

图 5-3　背景的设置

（5）制作第 1 张幻灯片。

选择“开始”选项卡，单击“文本框”按钮插入一个文本框，输入“个人简介”，也可制作成艺术字。再插入一个文本框，依次输入“个人资料”“专业知识”“爱好特长”“家乡介绍”“致谢”5 行文字，字体、字号和颜色在“开始”选项卡的功能区中设定，字间距、行间距可自行选择，也可插入图片，以美观为佳，如图 5-4 所示。

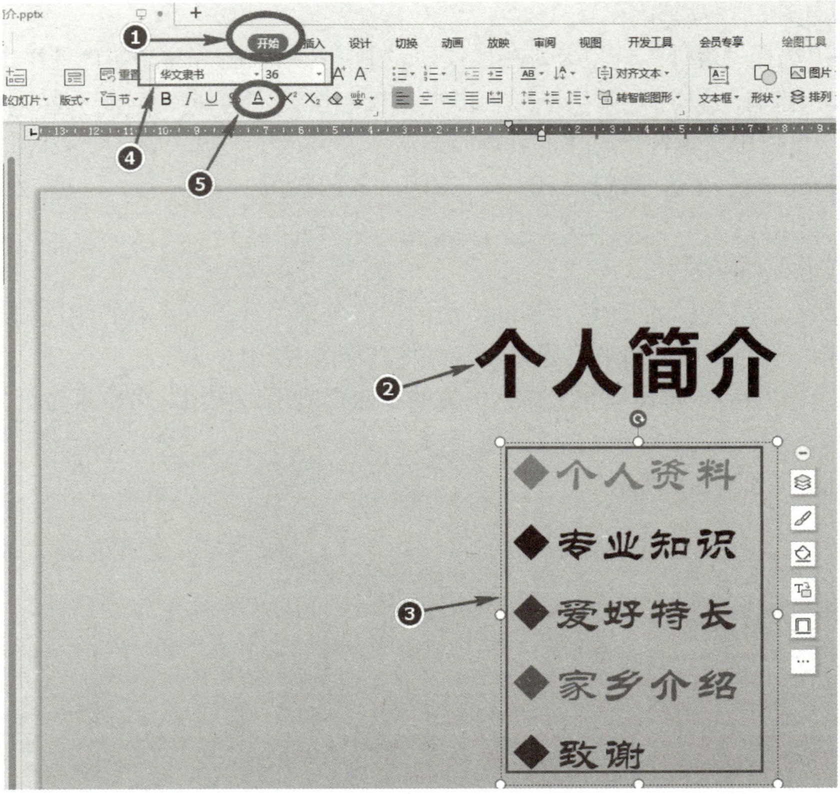

图 5-4　制作第 1 张幻灯片

（6）制作第 2 张幻灯片。

选择“开始”选项卡，单击“新建幻灯片”按钮，选择“标题和内容”版式，如图5-5 所示。也可以直接在幻灯片大纲窗格中右击要插入新幻灯片的位置，在弹出的快捷菜单中选择“新建幻灯片”选项，如图 5-6 所示。在标题栏中输入“个人资料”，在标题栏下方的文本框中输入相应的个人信息，修改标题及个人信息的字号、字体等，插入图片，使之达到美观效果。

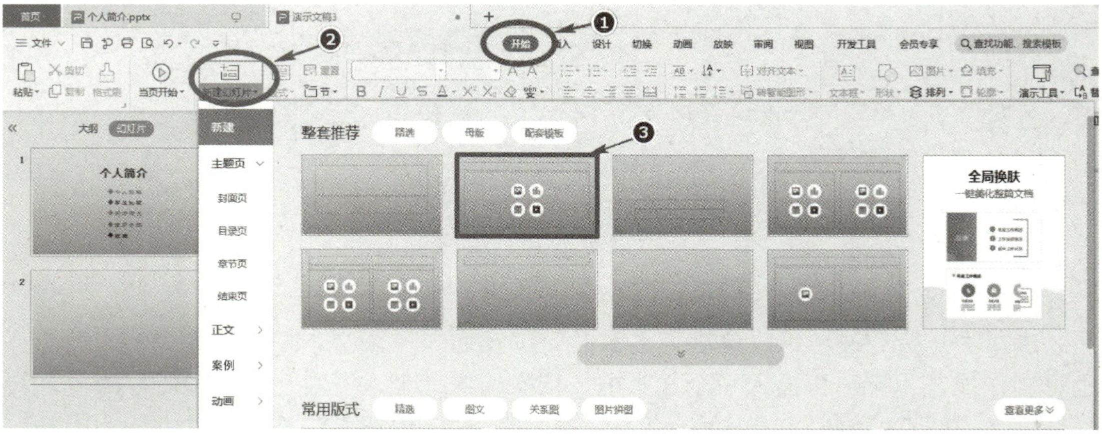

图 5-5　“标题和内容”版式

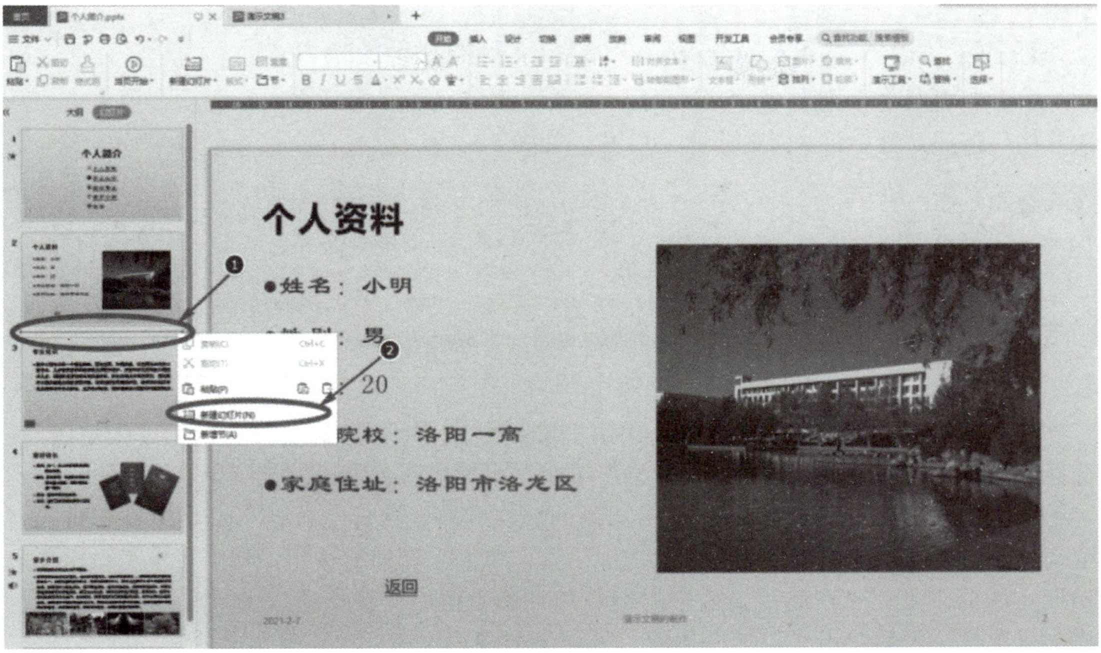

图 5-6　新建幻灯片

（7）制作第 3 张幻灯片。

选择“开始”选项卡，单击“新建幻灯片”按钮，选择合适的版式新建一张幻灯片。插入文本框，输入“专业知识”中的各种信息，进行字体、字号、段落等的设置，也可插入一幅预先准备好的图片，并适当修饰，使之达到美观效果。

（8）制作第 4 张、第 5 张幻灯片。

按照第 2 张或第 3 张的制作方法完成第 4 张、第 5 张幻灯片的制作。第 4 张幻灯片的标题为“爱好特长”，第 5 张幻灯片的标题为“家乡介绍”。

（9）制作第 6 张幻灯片。

选择“开始”选项卡，单击“新建幻灯片”按钮，选择“空白”版式。

选择“插入”选项卡，单击“艺术字”按钮，选择一种艺术字形状，如图 5-7 所示。在幻灯片上出现插入艺术字内容文本框后，在文本框中输入“谢谢！”，进行字体、字号的设置，并对艺术字进行美化处理。

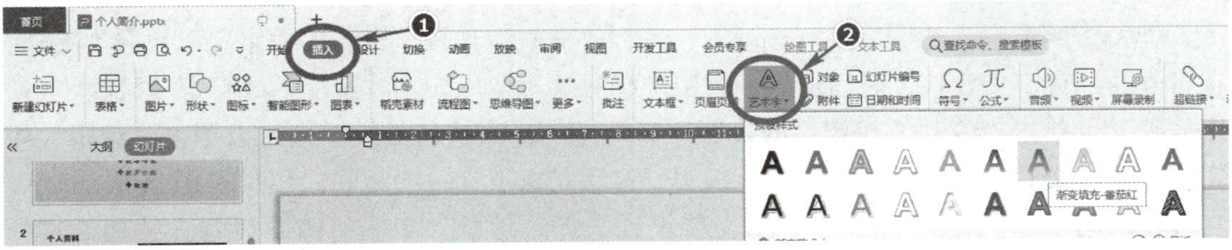

图 5-7　艺术字制作

（10）文稿的保存。单击“文件”选项卡，选择“另存为”命令，在打开的对话框中选择存储的目标位置，输入文件名“个人简介 .pptx”，单击“保存”按钮。

任务二　设置“个人简介 .pptx”演示文稿的几种放映方式

（1）打开任务一制作的“个人简介 .pptx”演示文稿，在“放映”选项卡中单击“从头开始”按钮，开始逐页放映全部幻灯片，如图 5-8 所示。

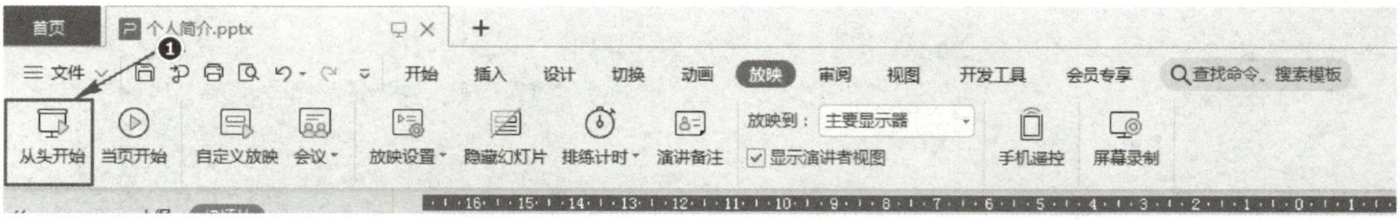

图 5-8　“放映”选项卡

（2）从“个人简介 .pptx”演示文稿的第 3 张幻灯片开始放映。选定第 3 张幻灯片，选择“放映”选项卡，单击“当页开始”按钮，实现从第 3 张到最后一张幻灯片的放映。

（3）更改“个人简介 .pptx”演示文稿的放映顺序。选择“放映”选项卡，单击“自定义放映”按钮，弹出“自定义放映”对话框，单击“新建”按钮，弹出“定义自定义放映”对话框。先在“在演示文稿中的幻灯片”列表框中按照待播放的顺序选择每张幻灯片，每选择一张后单击“添加”按钮，将该张幻灯片添加到“在自定义放映中的幻灯片”列表框中，为新放映顺序进行命名，本任务在默认的放映名后添加“(逆序放映)”，最后单击“确定”按钮完成自定义放映的定义，如图 5-9 所示。

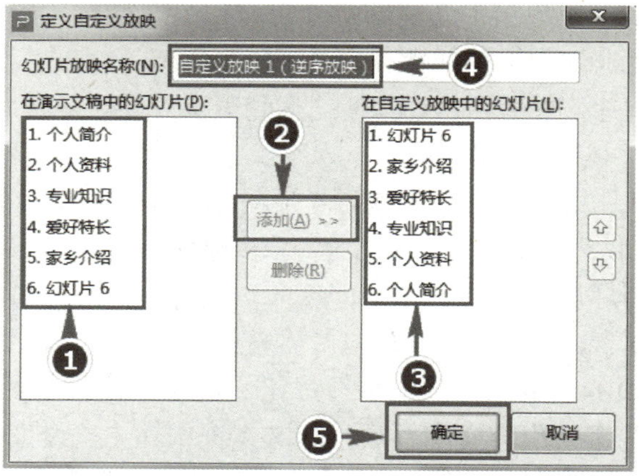

图 5-9　“定义自定义放映”对话框

（4）按照自定义的顺序进行放映时，选择“放映”选项卡，单击“自定义放映”按钮，在打开的“自定义放映”对话框的列表中选择放映对象，如刚才定义的“自定义放映 1（逆序放映）”，单击“放映”按钮，即按照原有顺序的逆序进行放映，也可以单击“编辑”按钮对已经定义好的放映顺序再次进行编辑，过程与自定义过程相同，如图 5-10 所示。

（5）将“个人简介 .pptx”演示文稿设置为循环放映。单击“放映设置”按钮，选择“放映设置”命令，打开“设置放映方式”对话框，在“放映选项”选区中勾选“循环放映，按 ESC 键终止”复选框，在“放映幻灯片”选区中选择“全部”单选按钮，或根据需要放映的内容设置幻灯片的页码范围，例如设置放映范围为“从 1 到 6”，还可以选择已定义的自定义放映方案，如图 5-11 所示。

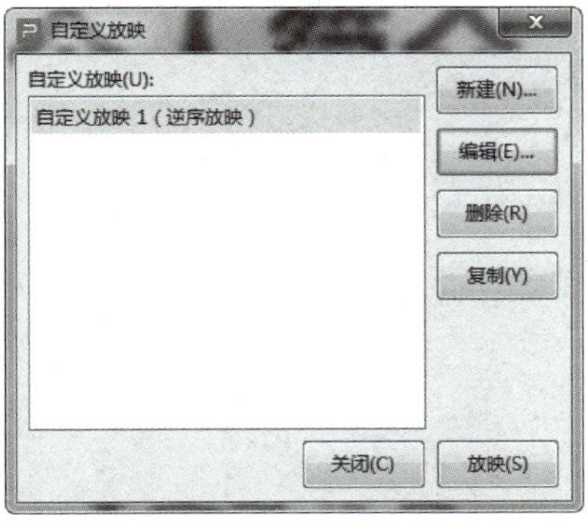

图 5-10　“自定义放映”对话框

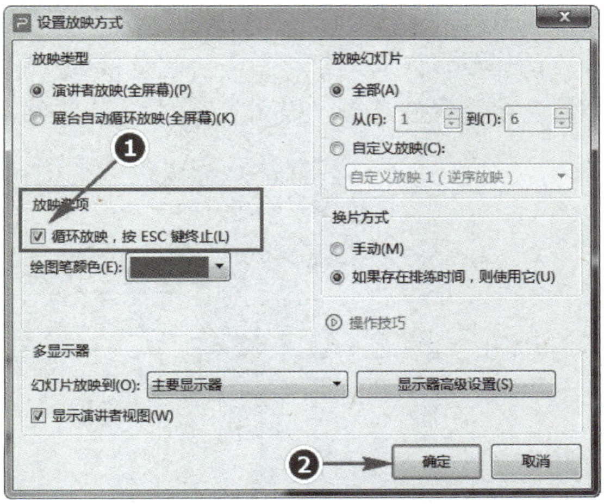

图 5-11　“设置放映方式”对话框

5.2.2　创建超链接与自定义动画效果

任务一　创建超链接

在“个人简介 .pptx”演示文稿的首页幻灯片上创建与后面每张幻灯片的超链接，并在后面每张幻灯片上创建返回到首页幻灯片的超链接按钮。

（1）在首页标题幻灯片中，选定“个人资料”四个字，选择“插入”选项卡，单击“超链接”按钮，选择链接到“本文档幻灯片页”，选中“2. 个人资料”幻灯片，单击“确定”按钮，完成“个人资料”的超链接创建，如图 5-12 所示。

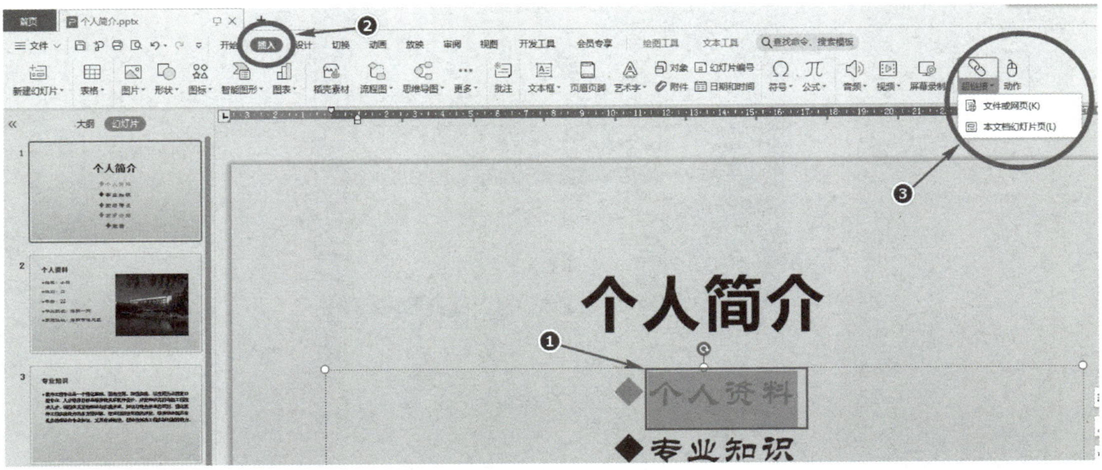

图 5-12　插入超链接

（2）重复第 1 步的操作过程，完成剩余 4 张幻灯片的超链接创建。

（3）在第 2 张幻灯片上创建返回到首页幻灯片的超链接按钮。

在适当位置插入一个文本框，在文本框中输入“返回”，选中“返回”两个字，选择“插入”选项卡，直接单击“超链接”按钮，打开“插入超链接”对话框，选择“本文档中的设置”，再选择“第一张幻灯片”，单击“确定”按钮完成设置，如图 5-13 所示。随后，为返回动作添加声音，选中“返回”两个字，选择“插入”选项卡，单击“动作”按钮，打开“动作设置”对话框，单击“超链接到”单选按钮，选择“第一张幻灯片”，勾选“播放声音”复选框并选择“鼓声”，最后单击“确定”按钮完成设置，如图 5-14 所示。

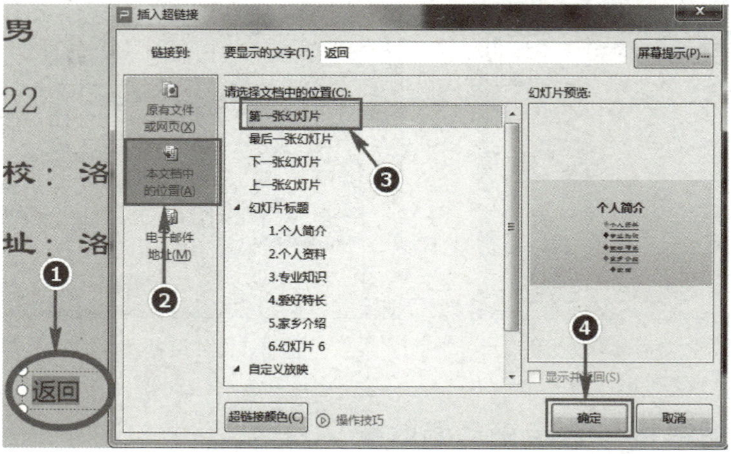

图 5-13　插入“超链接”对话框

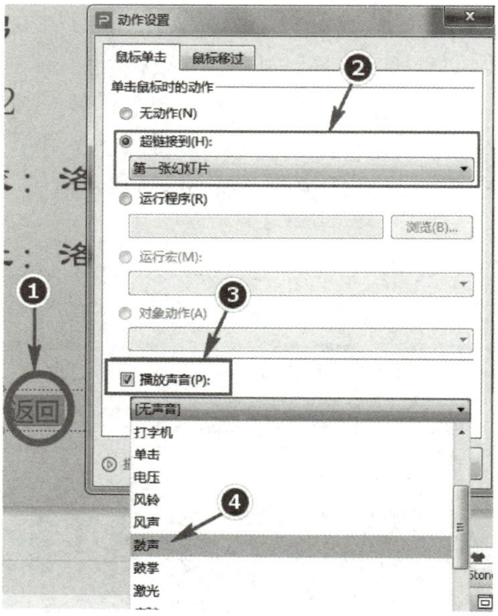

图 5-14　“动作设置”对话框

（4）插入一个动作按钮。

选择“插入”选项卡，单击“形状”按钮，选择“动作按钮”中的“左箭头”按钮，如图 5-15 所示。在该按钮上输入“返回”两个字，再继续进行“动作设置”即可。

（5）在后面 4 张幻灯片中复制该动作按钮。

（6）在放映幻灯片的过程中，单击任意一张幻灯片的动作按钮，都会立刻返回到首页幻灯片。

（7）保存演示文稿。

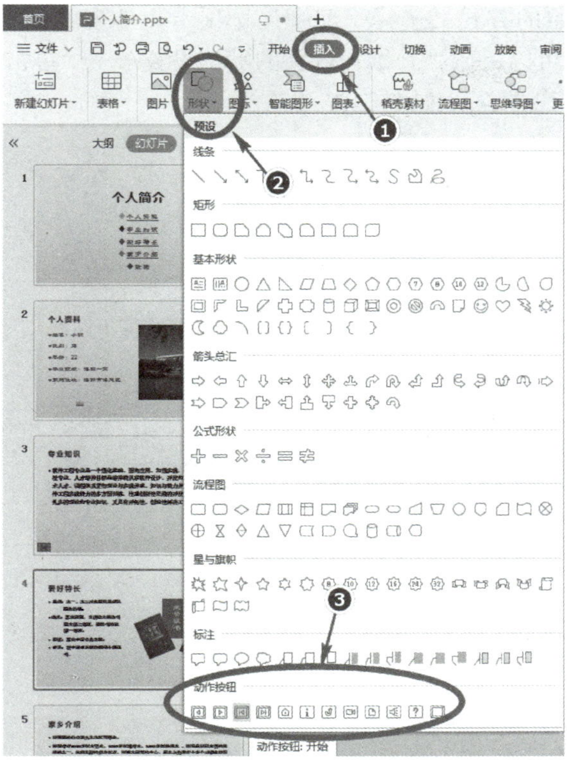

图 5-15 插入动作按钮

任务二 为幻灯片中的各种对象设置动画效果

现在我们为幻灯片中的对象进行动画效果、出现顺序、播放时间等的设置。WPS Office 支持幻灯片中文本、图片、声音的动态显示，可以控制不同对象的显示效果、先后顺序，以及对象出现时的声音效果等，以达到突出重点、控制信息流程、提高趣味性的目的。

（1）打开“个人简介 .pptx”演示文稿，在第 1 张幻灯片中选中“个人简介”艺术字，选择“动画”选项卡，选择“飞入”进入效果，如图 5-16 所示。也可打开“更多进入效果”对话框，选择其他进入效果。

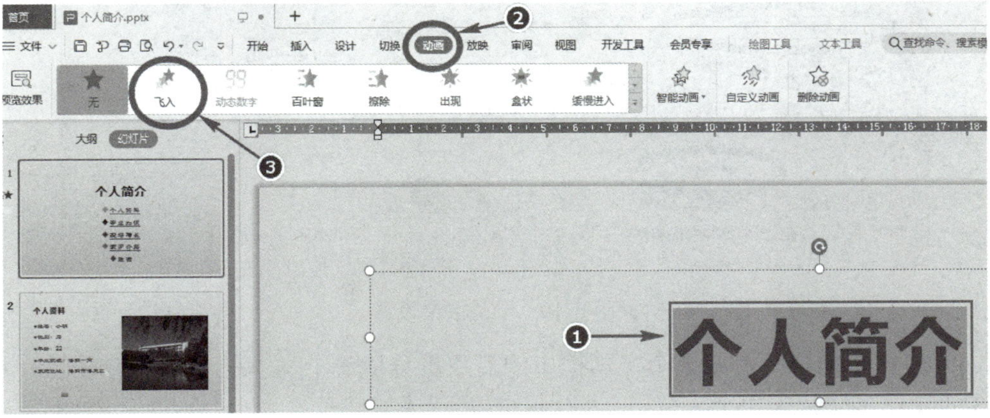

图 5-16 添加动画效果

（2）设置动画开始的方式。选择“动画”选项卡，单击“自定义动画”按钮，打开“自定义动画”窗格，可以保持“开始”选项的默认设置——“单击时”，或分别设置“开始”、“方向”和“速度”选项，如图 5-17 所示。

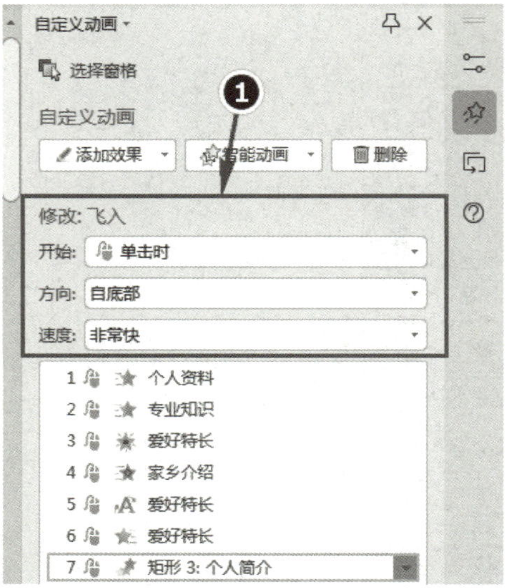

图 5-17　自定义动画

（3）在列表框中右击标题的对应动画效果项，选择“效果选项”命令，分别设置方向、声音的效果，如将“专业知识”的擦除动画声音效果设置为“抽气”，如图 5-18 所示。

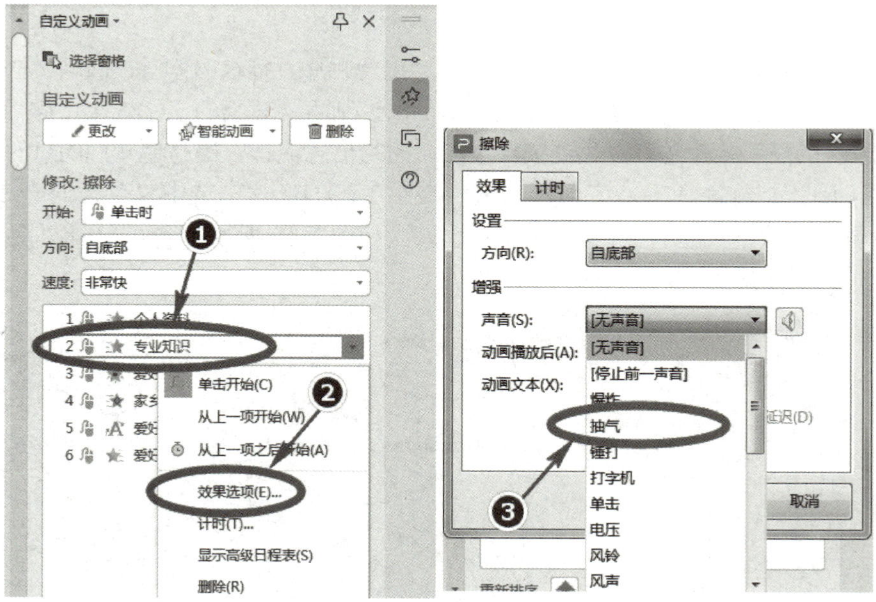

图 5-18　动画效果设置

（4）将该张幻灯片的第 2 个文本框中的对象拆分成 5 个文本框（即 5 个对象），重复 1 ～ 3 的操作步骤，为“个人资料”“专业知识”“爱好特长”“家乡介绍”“致谢” 5 个对象分别设置不同的自定义动画，如图 5-19 所示。

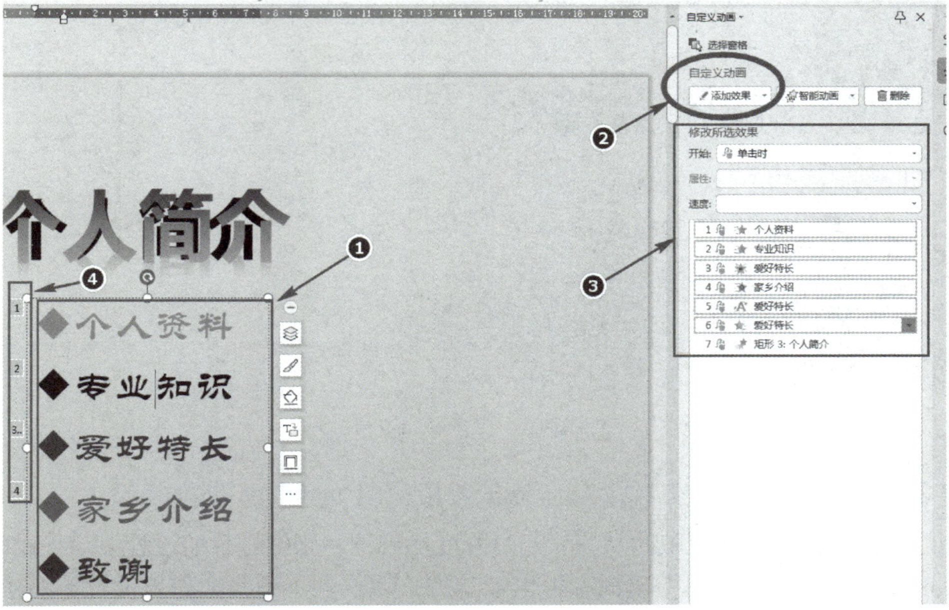

图 5-19　动画效果设置

（5）调整各动画出现的顺序。在“自定义动画”窗格的列表框中，选中某一页面对象对应的动画项上下拖动，可将其放置在插入标志所在的位置，从而调整各对象动画出现的先后顺序，如图 5-20 所示。

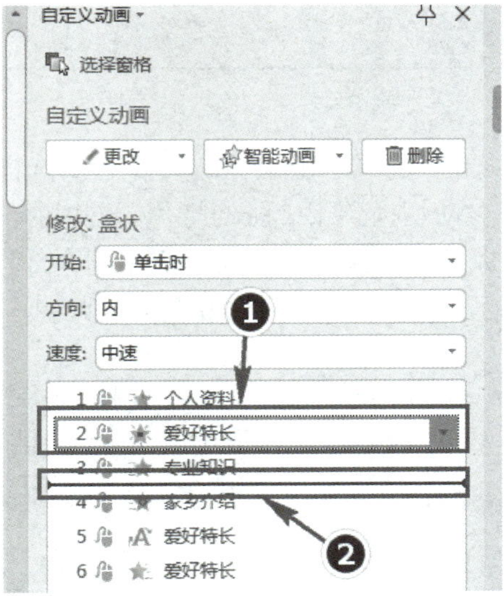

图 5-20　调整动画顺序

（6）为对象添加强调、退出的效果。单击“添加效果”按钮，选择“强调”和“退出”选区中的效果，这样所选对象就有 2 个以上的动画效果了，如图 5-21 所示。

（7）对第 2 ～ 6 张幻灯片中的对象，重复操作步骤（1）～（6），根据自己的喜好进行设置，使之达到赏心悦目的播放效果。

（8）保存演示文稿。

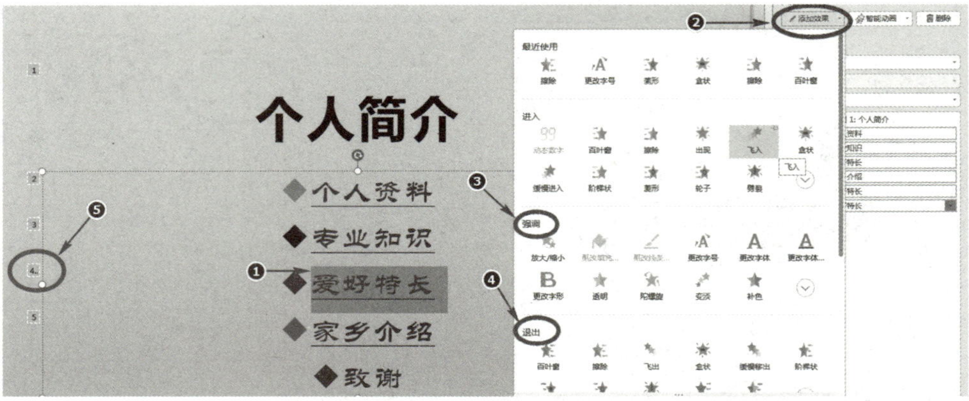

图 5-21　更多动画效果

任务三　为“个人简介”演示文稿设置放映时的幻灯片切换效果

幻灯片的切换是指在放映时从一张幻灯片变换到下一张幻灯片的过程。如果没有设置幻灯片的切换效果，放映时单击鼠标可以默认方式切换到下一张，如果设置了切换效果，幻灯片就会按照设置的效果切换到下一张，使放映的效果更加生动。

（1）打开“个人简介 .pptx”演示文稿，选中第 1 张幻灯片，单击“切换”选项卡，选择“百叶窗”效果，如图 5-24 所示，在“效果选项”中选择“水平”效果。

图 5-22　“切换”选项卡

（2）勾选“切换”选项卡中的“单击鼠标时换片”复选框，或设置自动换片时间为 10 秒，这样，在 10 秒后将自动切换到第 2 张幻灯片。同时在放映时可以伴有声音，如在“声音”下拉列表中选择“风铃”效果。若单击“应用到全部”按钮，则本演示文稿中的所有幻灯片页面均采用当前设置的切换效果，如图 5-23 所示。

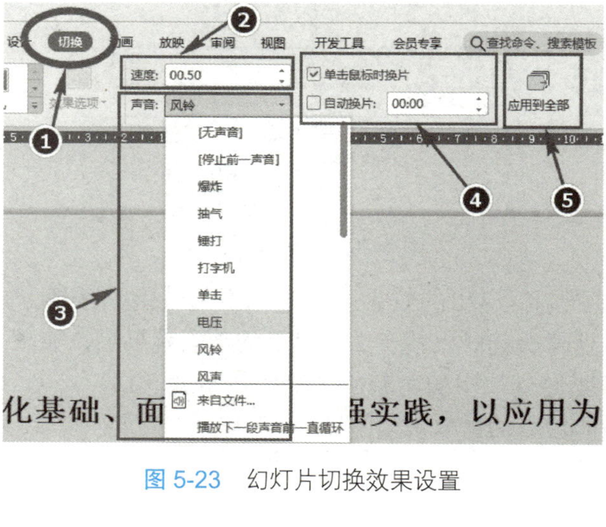

图 5-23　幻灯片切换效果设置

注意：

切换速度以秒为单位，图 5-23 中设置的切换速度为 0.5 秒。

（3）若希望使用不同的切换效果，则按照步骤（1）～（2）的操作讲解，依次设置第 2 张到第 6 张幻灯片的切换方式。

（4）保存演示文稿。

5.2.3　演示文稿的个性化设置

任务一　幻灯片母版设计

母版可使演示文稿的幻灯片具有一致的外观，控制在幻灯片中输入的标题和文本的格式、类型。母版上包含出现在每一页幻灯片上的可显示元素，如文本占位符、图形、动作按钮等。

（1）选择“视图”选项卡，单击“幻灯片母版”按钮，进入幻灯片母版编辑状态，如图 5-24 所示，幻灯片母版工具栏如图 5-25 所示。

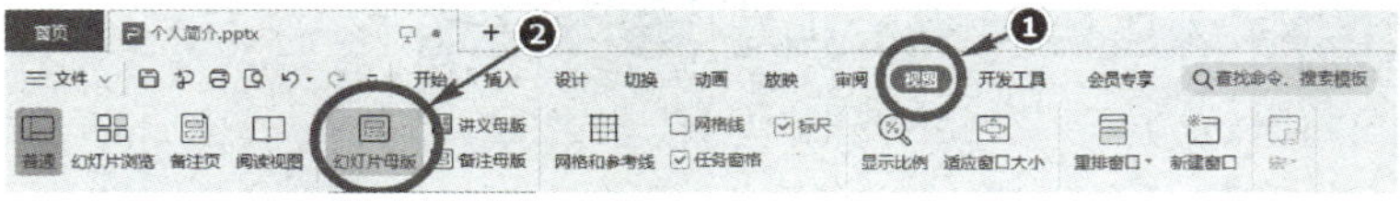

图 5-24　“幻灯片母版”按钮

图 5-25　幻灯片母版工具栏

（2）在幻灯片母版页面底部分别插入日期和时间、幻灯片编号、页脚，在“页眉和页脚”对话框中进行设置，如图 5-26 所示。

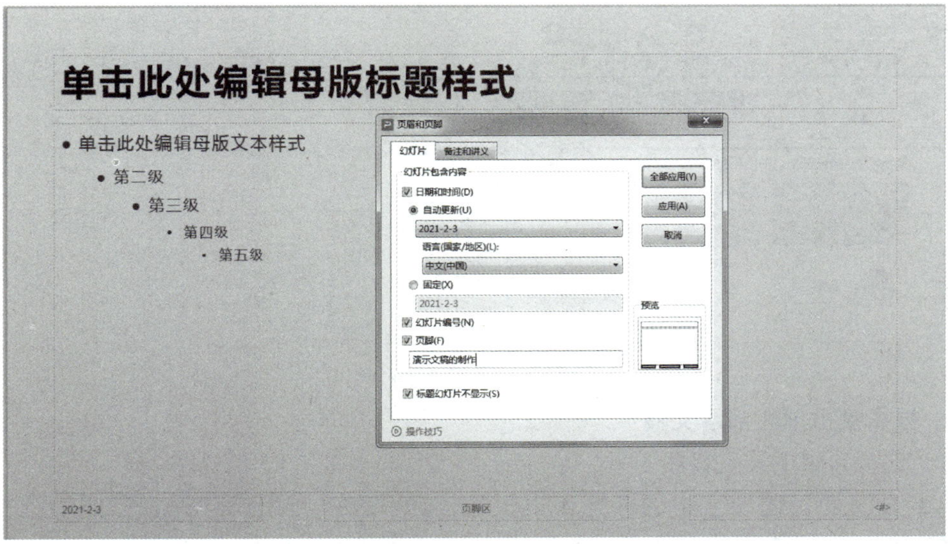

图 5-26　设计幻灯片母版示意图

（3）插入预先准备好的图片作为幻灯片的背景，调整背景图片的大小，适当美化幻灯片母版，右击图片，在弹出的菜单中选择“置于底层”命令，如图 5-27 所示。

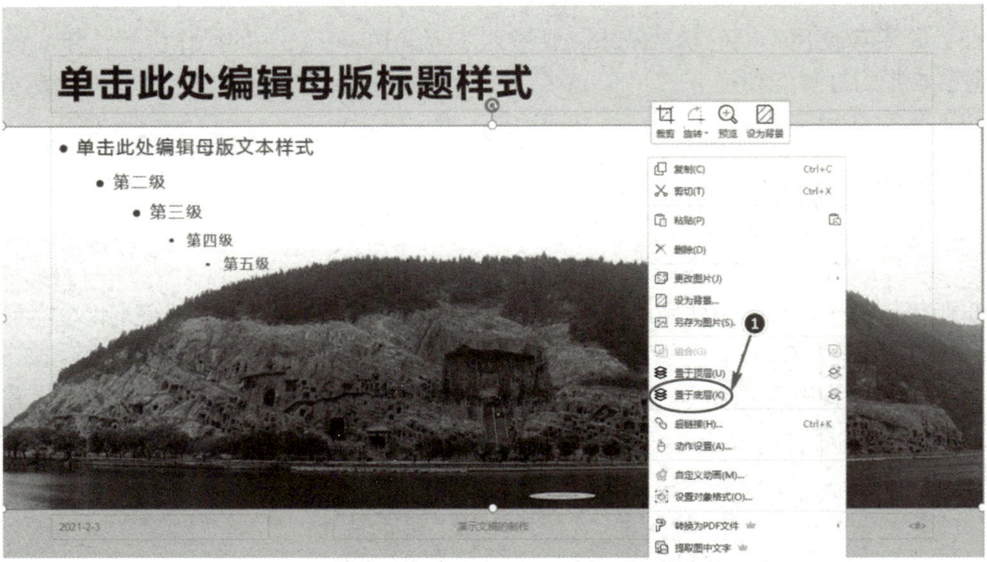

图 5-27　设计幻灯片母版中对象的层次示意

（4）关闭幻灯片母版视图。

任务二　幻灯片模板的设计

1. 选择主题模板

单击“设计”选项卡，选择所需主题，如图 5-28 所示，也可更改主题颜色和效果，单击“背景”按钮，选择“填充效果”，在打开的窗格中依次进行设置即可，如图 5-29 所示。若要将所设置的主题背景用于全部幻灯片页面，则在设置背景后单击“全部应用”按钮即可。

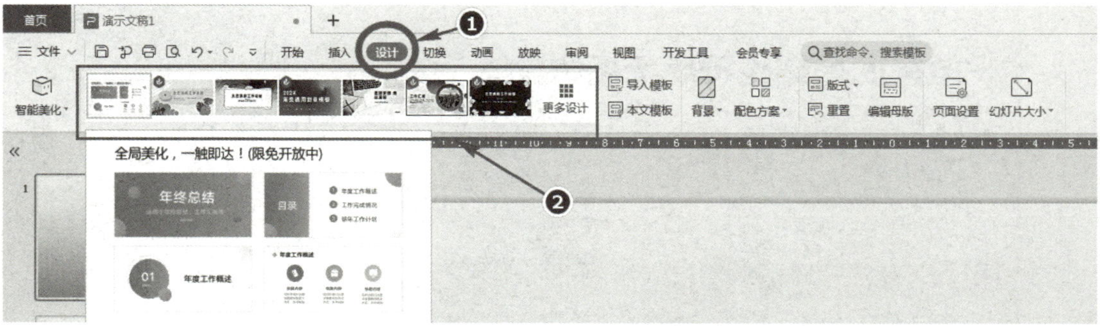

图 5-28　主题模板设计

2. 根据模板创建演示文稿

（1）选择自带的样例模板。

单击“设计”选项卡中的“导入模板”按钮，在“应用设计模板”对话框中选择“summary.potx”文件即可创建一个基于该模板的演示文稿，如图 5-30 所示。

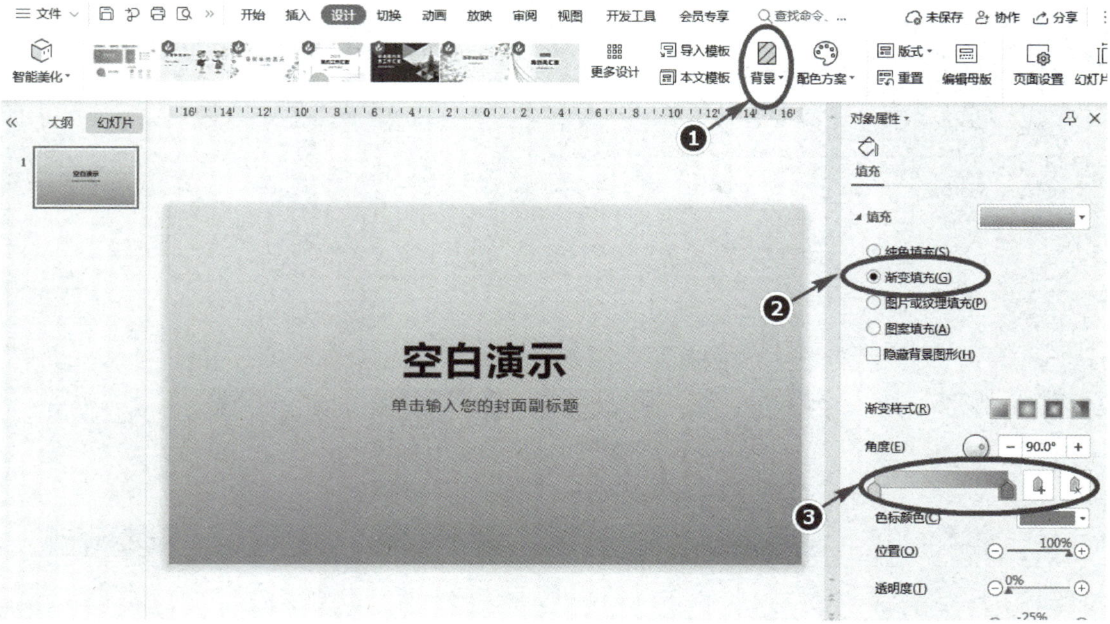

图 5-29　主题模板背景设计

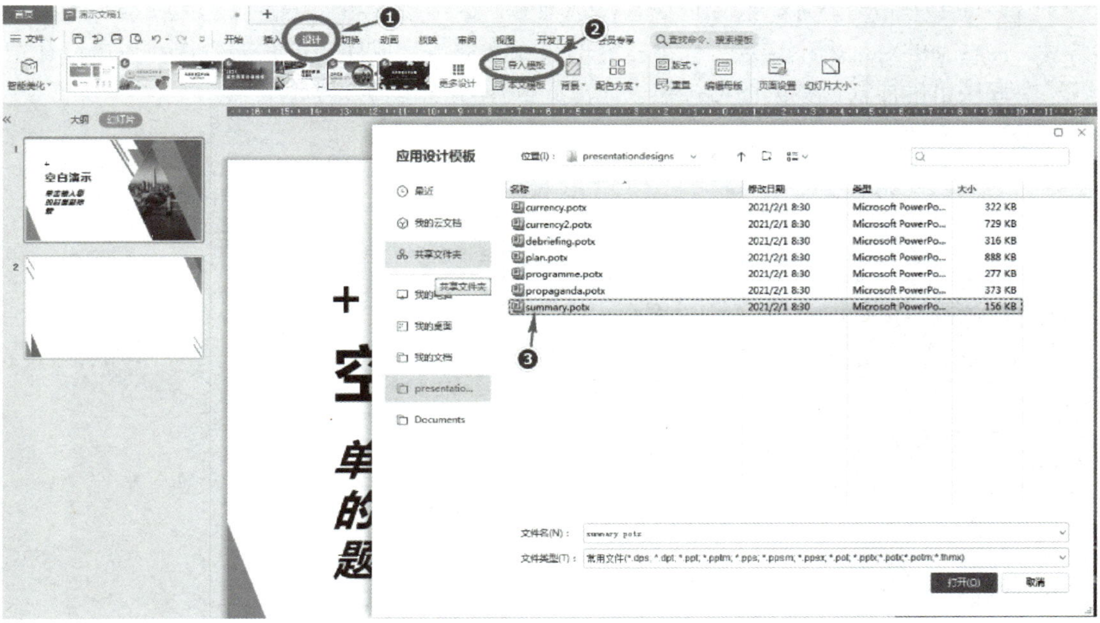

图 5-30　自带的样例模板

（2）使用模板网站推荐的模板。

单击“文件”按钮，选择“新建”命令，在分类中选择自己需要的类型，然后选择自己需要的模板，示例中选择了通用的空白模板“中国风”，也可以选择“毕业论文答辩”等模板，如图 5-31 所示。

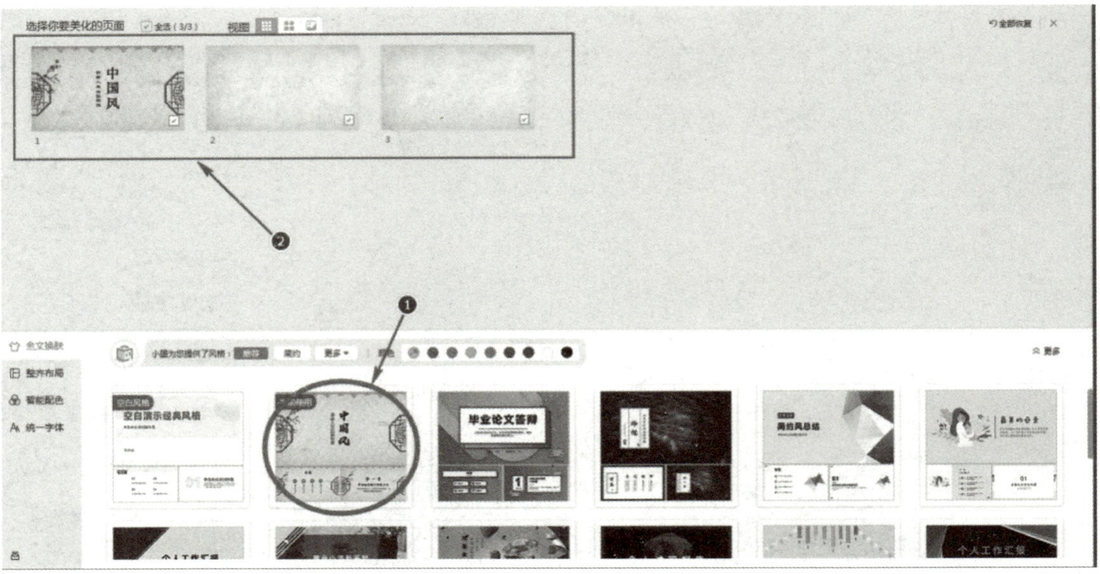

图 5-31　模板网站推荐的模板

任务三　在幻灯片中插入媒体对象

（1）选中一张幻灯片。选择“插入”选项卡，单击“视频”按钮，选择要插入的视频类型。在打开的对话框中选定预先准备好的视频文件，完成插入视频的操作（也可以在幻灯片中直接单击插入视频的图标按钮来完成此操作），如图 5-32 所示。

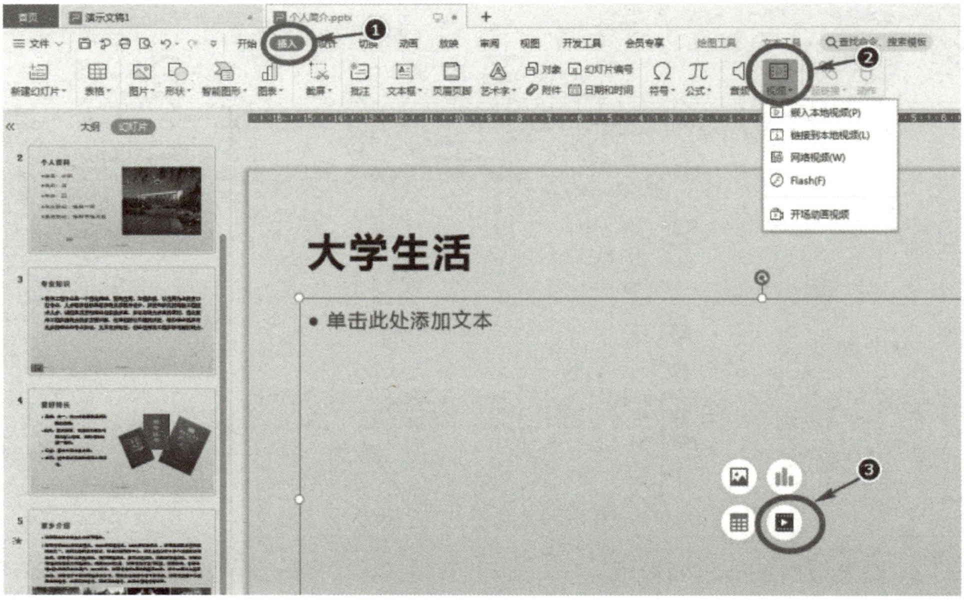

图 5-32　插入视频

（2）选择“插入”选项卡，单击“音频”按钮，选择要插入的音频类型。在打开的对话框中选定预先准备好的音频文件，在音频工具栏中设置播放音量、播放形式等项目，完成插入音频的操作，如图 5-33 和图 5-34 所示。

图 5-33　插入音频

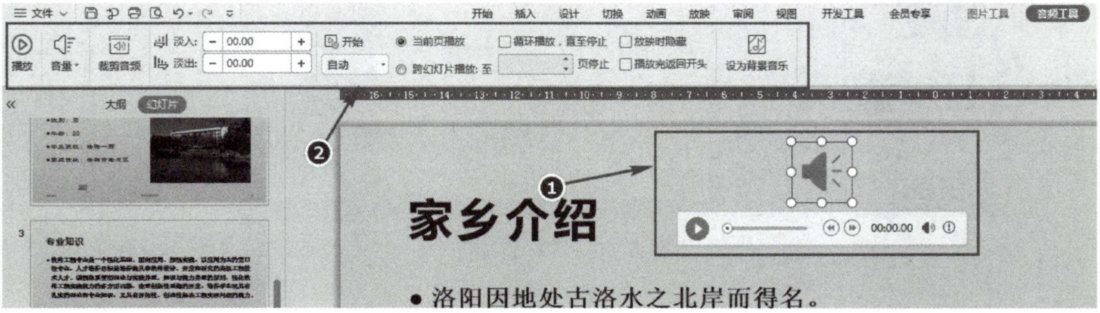

图 5-34　参数设置

（3）在演示文稿中，除可以添加已有的声音外，还可以添加自己录制的声音。既可以为单张幻灯片录制声音，也可以为整个演示文稿录制声音或录制旁白，在幻灯片放映时播放。

任务四　插入可视化的智能图形

第 1 种方法：打开“个人简介 .pptx”演示文稿，单击第 1 张幻灯片，选中文本框中 5 个目录的文本内容，再选择“插入”选项卡，单击“智能图形”按钮，在弹出的下拉菜单中选择“智能图形”或“关系图”，如图 5-35 所示。本任务选择“智能图形”，在弹出的样例中选择所需要的图形即可，如图 5-36 所示。完成后的效果如图 5-37 所示。

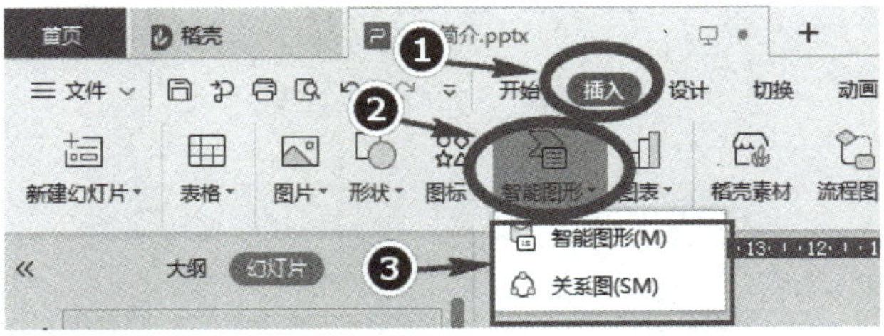

图 5-35　打开智能图形

第 2 种方法：在第 1 张幻灯片中选中目录的文本内容，单击“转换成图示”按钮，如图 5-38 所示，在弹出的示例图形中选择需要的即可完成图形的转换。

第 3 种方法：选择“插入”选项卡，直接单击“智能图形”按钮，在显示的图形中选择一种，单击“插入”按钮，完成智能图形的插入，如图 5-39 所示。在选定的图形中根据提示依次输入并编辑文本即可完成智能图形的编辑，如图 5-40 所示。

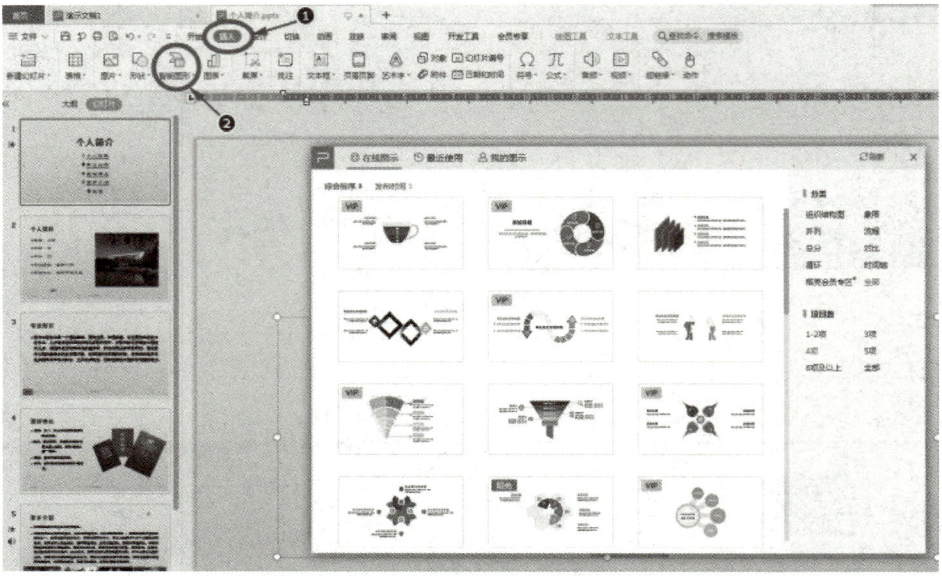

图 5-36　选择智能图形

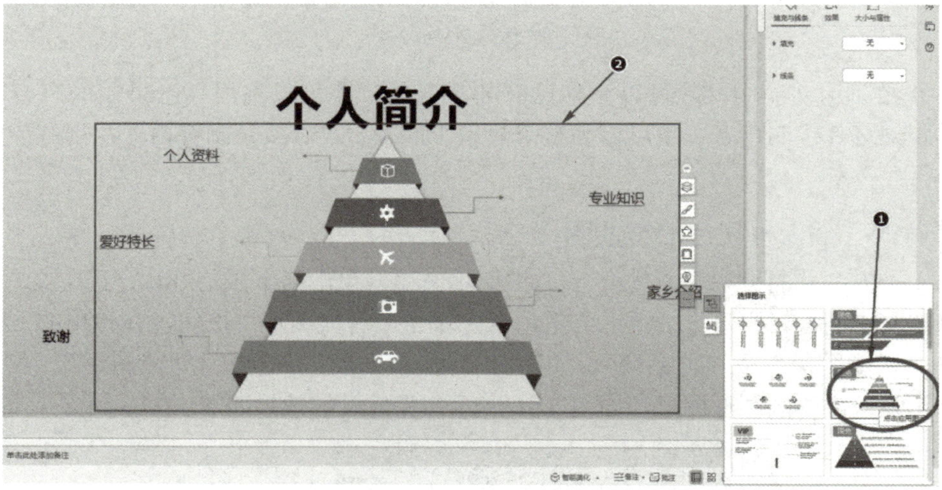

图 5-37　完成后的效果

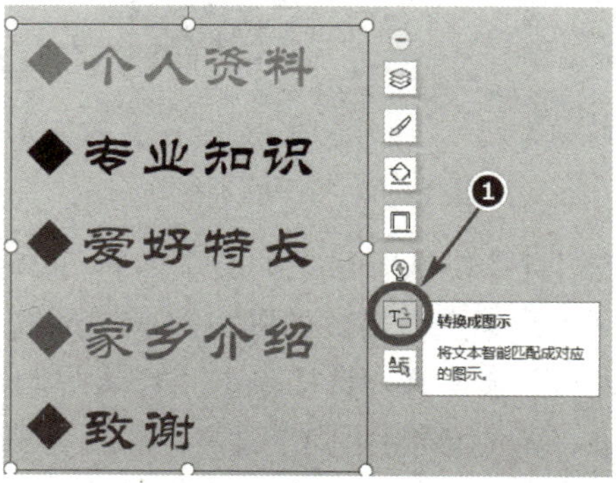

图 5-38　将文本转换为智能图形

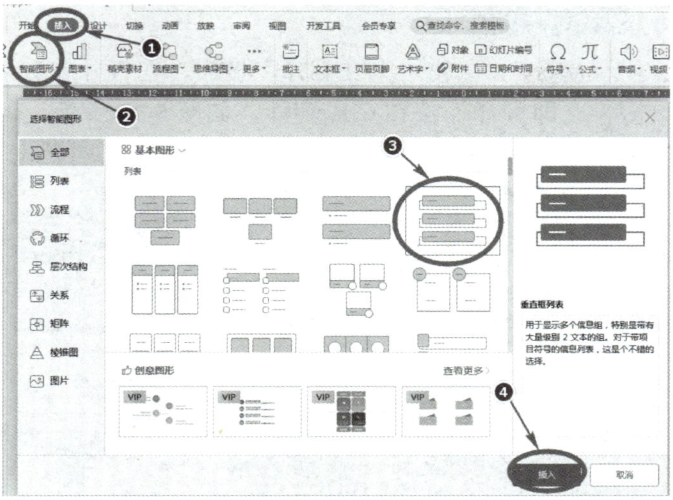

图 5-39　插入智能图形

图 5-40　编辑智能图形中的文本

5.2.4　演示文稿制作小技巧

任务一　将演示文稿转换为 PDF 文档

选择“会员专享”选项卡，单击“输出为 PDF”按钮，在打开的对话框中进行相应设置，然后单击“开始输出”按钮完成转换，如图 5-41 所示。

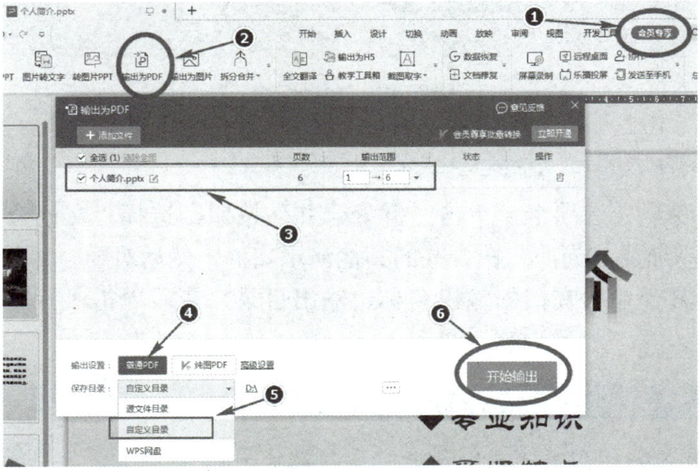

图 5-41　将演示文稿转换为 PDF 文档

任务二　演示文稿内容的中英文翻译

选择“会员专享”选项卡，单击“全文翻译”按钮，在打开的对话框中对翻译选项进行设置，然后单击“立即翻译”按钮完成翻译，如图5-42所示。翻译结果如图5-43所示。

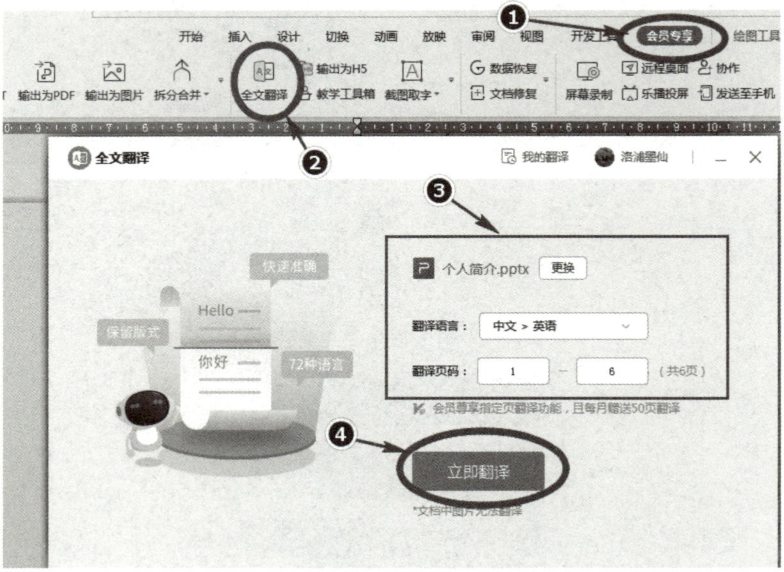

图 5-42　中英文翻译

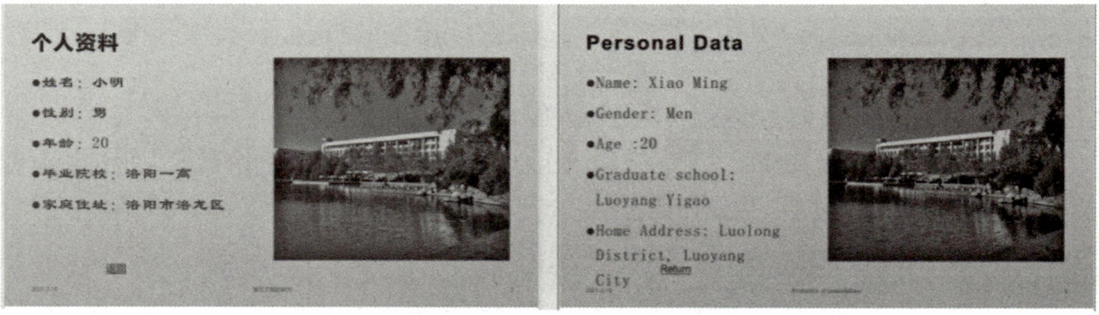

图 5-43　翻译结果

任务三　将两个演示文稿合并为一个演示文稿

选择“会员专享”选项卡，单击“拆分合并”按钮，选择“文档合并”命令，在打开的对话框中先添加要与当前文档合并的其他演示文稿，然后对要合并的文档进行合并范围的设置，再设置合并后文档的输出名称、输出目录，最后单击“开始合并”按钮，如图5-44所示。

注意：

合并和拆分文稿的功能需要注册会员后才能使用。

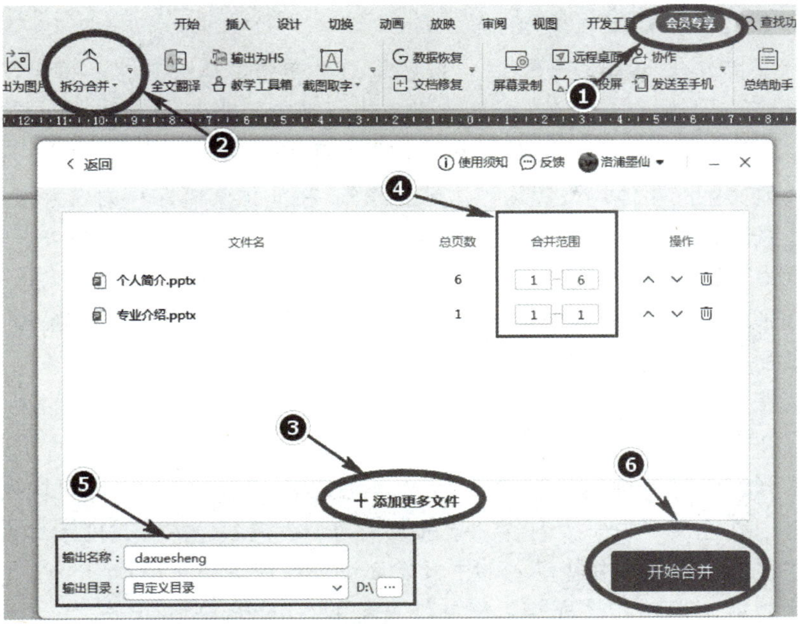

图 5-44　两个演示文稿的合并

5.2.5　综合实验

任务一　北京主要旅游景点介绍

（1）新建演示文稿，并以“北京主要旅游景点介绍 .pptx”为文件名保存。

（2）在第 1 张标题幻灯片中，将标题设置为“北京主要旅游景点介绍”，将副标题设置为“历史与现代的完美融合”。

（3）在第 1 张幻灯片中插入歌曲“北京欢迎你 .mp3”，设置为自动播放，并设置声音图标在放映时隐藏。

（4）设置第 2 张幻灯片的版式为“标题和内容”，标题为“北京主要旅游景点”，在文本区域中以项目符号列表方式依次添加下列内容：天安门、故宫博物院、八达岭长城、颐和园、鸟巢。

（5）自第 3 张幻灯片开始按照天安门、故宫博物院、八达岭长城、颐和园、鸟巢的顺序依次介绍各旅游景点，相应的素材文档“北京主要旅游景点介绍 - 文字 .docx”以及图片文件均存放在本书配套素材文件夹中，要求每个景点介绍占用一张幻灯片。

（6）最后一张幻灯片的版式设置为“空白”，并插入艺术字“谢谢”。

（7）将第 2 张幻灯片列表中的内容分别超链接到后面对应的幻灯片，并添加返回到第 2 张幻灯片的动作按钮。

（8）为演示文稿选择一种设计主题，要求字体和整体布局合理、色调统一，为每张幻灯片设置不同的幻灯片切换效果以及文字、图片的动画效果。

（9）除标题幻灯片外，其他幻灯片的页脚均包含幻灯片编号、日期和时间。

（10）设置演示文稿放映方式为“循环放映，按 ESC 键终止”，换片方式为“手动”。

实验步骤可参考前面所学自行完成。

任务二 “天眼 FAST”介绍

（1）演示文稿共包含 10 张幻灯片，标题幻灯片 1 张，概况 2 张，特点、简要技术参数、自主创新和应用领域各 1 张，图片欣赏 3 张（其中 1 张为图片欣赏标题页）。需要为幻灯片选择一种设计主题，要求字体和色彩设置合理、美观大方。所有幻灯片中除了标题和副标题，其他文字的字体均设置为“微软雅黑”。将演示文稿保存为“天眼 FAST.pptx”。

（2）第 1 张幻灯片为标题幻灯片，标题为“天眼 FAST”，副标题为“——500 米口径球面射电望远镜（FAST）”。

（3）第 2 张幻灯片采用“两栏内容”的版式，左侧一栏为文字，右侧一栏为图片，图片存放在本书配套素材文件夹中，名为“tianyan1.jpg”。

（4）第 3 张、第 4 张、第 5 张、第 6 张、第 7 张幻灯片的版式均为“标题和内容”。素材中的黄底文字即为相应页幻灯片的标题文字。

（5）第 3 张幻灯片的标题为“二、特点”，将其中的内容设为“垂直块列表”智能图形对象，素材中红色文字为一级内容，蓝色文字为二级内容。为该智能图形设置动画，要求组合图形“逐个”播放，并将动画的“开始”选项设置为“之后”。

（6）利用智能图形功能将配套素材文件夹中的“tianyan2.jpg”～“tianyan6.jpg”5 张图片设计在两张幻灯片中，标题均为“六、图片欣赏”。

（7）将演示文稿分为 4 节，第 1 节节名为“标题”，包含 1 张标题幻灯片；第 2 节节名为“概况”，包含 2 张幻灯片；第 3 节节名为“特点、简要技术参数等”，包含 4 张幻灯片；第 4 节节名为“图片欣赏”，包含 3 张幻灯片。每一节的幻灯片均为同一种切换方式，不同节的幻灯片切换方式不同。

（8）除标题幻灯片外，其他幻灯片的页脚显示幻灯片编号。

（9）设置幻灯片为循环放映方式，如果不单击鼠标，每张幻灯片显示 10 秒钟后自动切换至下一张。

实验步骤可参考前面所学自行完成。

实验 6　WPS Office 流程图

6.1 实验目的

（1）熟悉 WPS Office 流程图的创建过程，理解制作基本流程图的方法。

（2）学会阅读流程图，掌握流程图的制作。

6.2 实验内容

6.2.1 设计流程图

任务　制作流程图

流程图常用于描述程序的算法。本任务要求编写程序，实现求 1＋2＋3＋…＋50 的值。程序的算法设计如下：

（1）令 S 取 0 值。

（2）令 i 取 1 值。

（3）若 i<=50 成立，则执行第（4）步，否则执行第（6）步。

（4）S ← S＋i 。

（5）i ← i＋1 ，返回第（3）步。

（6）输出 S。

用流程图表示算法形象直观，如图 6-1 所示。

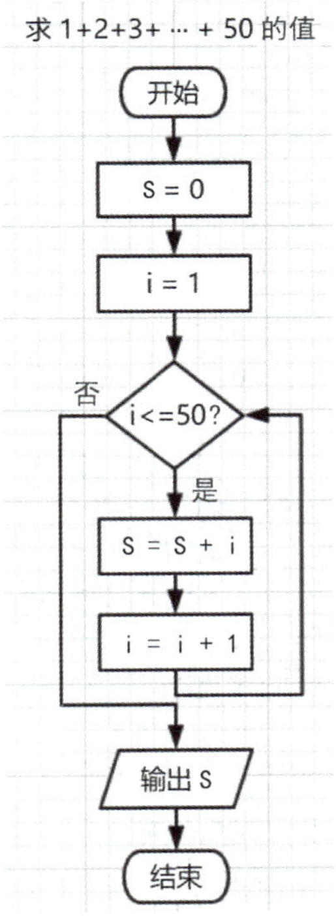

图 6-1　流程图

6.2.2 绘制基本流程图

任务　用 WPS Office 流程图制作软件绘制基本流程图

启动 WPS Office，单击“新建”按钮，选择“流程图”新建空白图，如图 6-2 所示，此时进入流程图编辑模式。

图 6-2　新建流程图

1．添加形状

选定左侧“Flowchart 流程图”中的形状，并拖至绘图区的适当位置。通常按照从上到下、从左到右的顺序添加形状。若形状添加错误，则可选中待删除的形状，按 Delete 键删除。

按住 Ctrl 键，并滚动鼠标滚轮，可以放大 / 缩小显示图形，或者使用“页面”的“缩放”工具可缩放绘图页，以便放大查看部分图表，或者缩小显示全部图表。

2．添加 / 编辑文本

单击左侧的“基础图形”，展开基础图形的各种类型，选择“T”可以直接添加无边框形状的独立文本。

添加形状相关操作如图 6-3 所示。

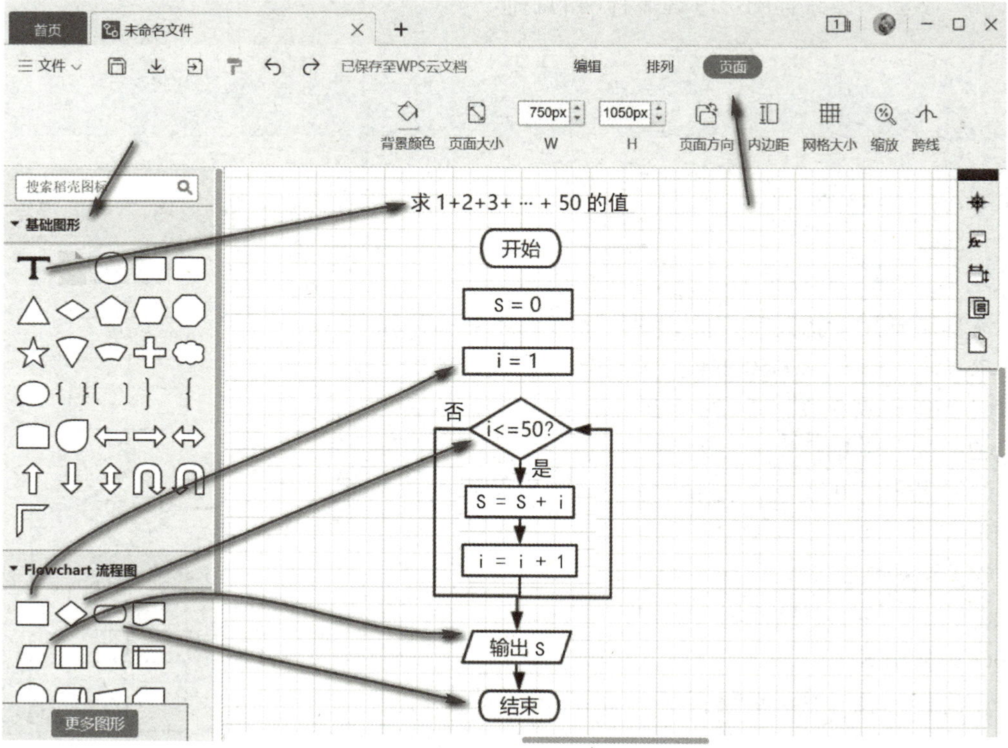

图 6-3　添加形状相关操作

3．调整形状的位置、大小

选定形状，当光标形状呈斜向 45 度双向箭头状时，拖动鼠标可调整形状大小，避免文本变形或者比例不协调；当光标形状呈上下左右四个箭头状时，移动鼠标可改变形状的位置，设置形状间的合理间距。拖动时可以按住 Ctrl 键，同时选中多个形状，也可以拖动鼠标，用虚框选中多个对象。

4．连接形状

当光标形状呈“十”状时，为连接状态，可将源形状的连接点与目标形状的连接点相连，如线条与形状的交接处是红色圆圈，表示两者已正确相连。可使用“编辑”中的“连线类型”“起点”“终点”等进行格式设置，如图 6-4 所示。

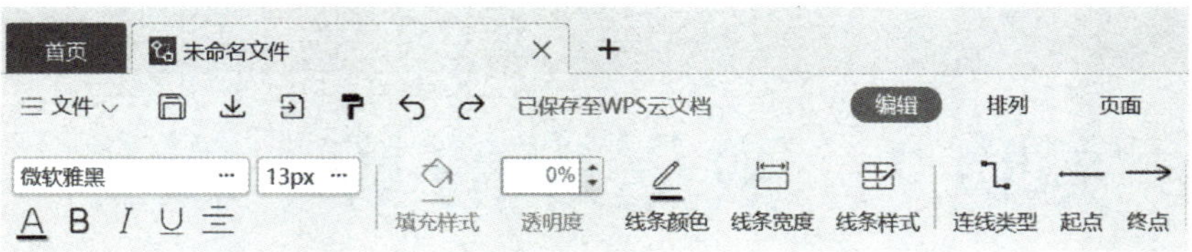

图 6-4　连接形状

5. 保存

系统默认将文件保存为 PNG、JPG、PDF 类型，我们还可通过“另存为”操作，将文件保存为绘图（POS）、向量图形（SVG）等类型的文件，如图 6-5 所示。

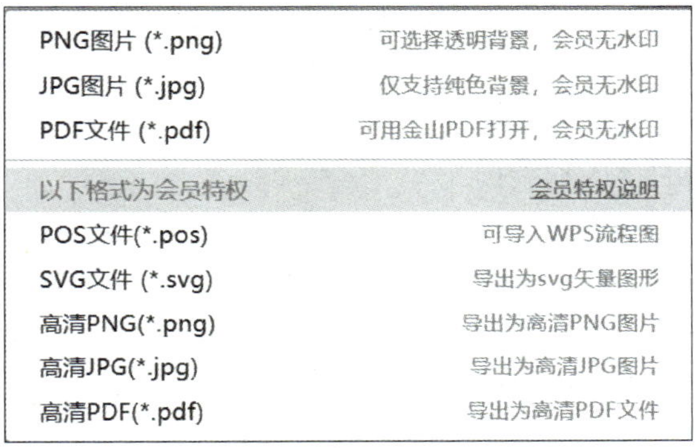

图 6-5　文件保存类型

实验 7　数据库的基本操作

7.1 实验目的

（1）掌握数据库的创建以及数据库选项卡中操作功能区选项的使用方法，了解数据库对象的工作环境。

（2）掌握数据表结构的创建和维护。

（3）掌握表中数据的输入和维护。

（4）掌握表间关联的相关操作。

（5）熟悉“查询设计”工作环境，掌握利用 SQL 命令实现数据操纵和简单查询的操作方法。

7.2 实验内容

7.2.1 数据库的创建

在 Access 系统中，可以使用创建空数据库的方法创建一个空数据库文件，也可以使用模板创建一个与模板文件相近的数据库文件。下面介绍直接创建空数据库的方法。

任务　创建一个空数据库，将其命名为“学生信息管理系统 .accdb”

（1）启动 Access 2016，进入 Access 系统首页。

（2）在 Access 系统首页，单击“空白桌面数据库”图标，打开“空白桌面数据库”对话框，如图 7-1 所示。

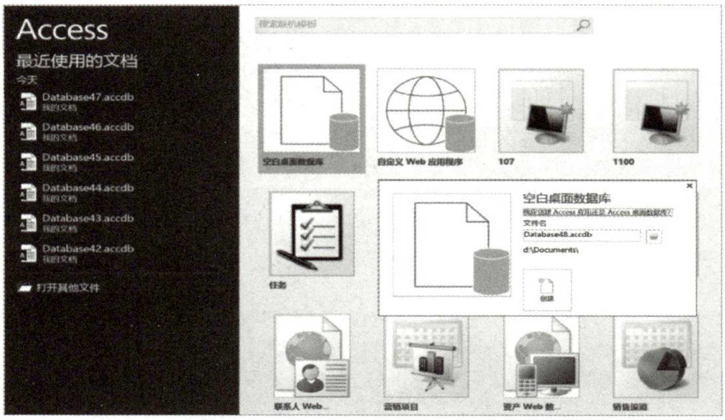

图 7-1　“空白桌面数据库”对话框

（3）在“空白桌面数据库”对话框中，单击“创建”按钮，进入 Access 系统窗口，如图 7-2 所示。

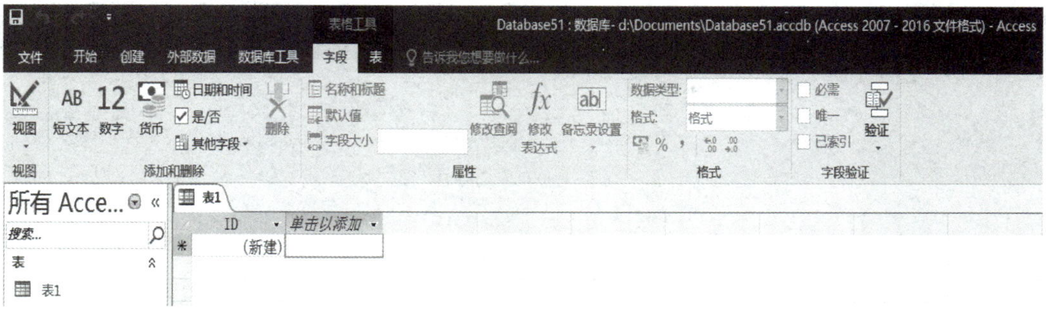

图 7-2　Access 系统窗口

（4）在 Access 系统窗口中，首先，关闭所有数据库对象，然后，打开“文件”菜单。

（5）在“文件”菜单下，选择“另存为”→“数据库另存为”命令，如图 7-3 所示。

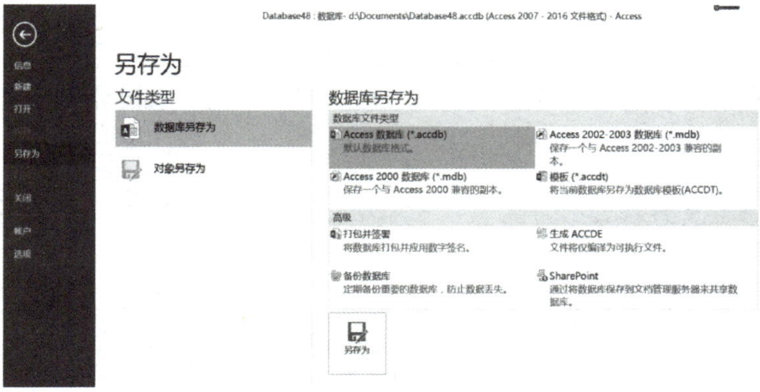

图 7-3　数据库另存为

（6）在“数据库另存为”中单击“另存为”按钮，打开“另存为”对话框，如图 7-4 所示。

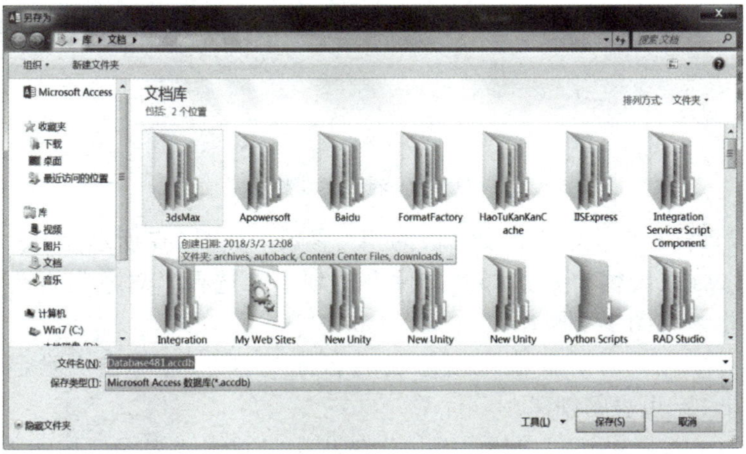

图 7-4　“另存为”对话框

（7）在“另存为”对话框中输入数据库的文件名“学生信息管理系统”，确定数据库的保存位置，单击“保存”按钮，一个空数据库的创建工作就完成了，如图 7-5 所示。

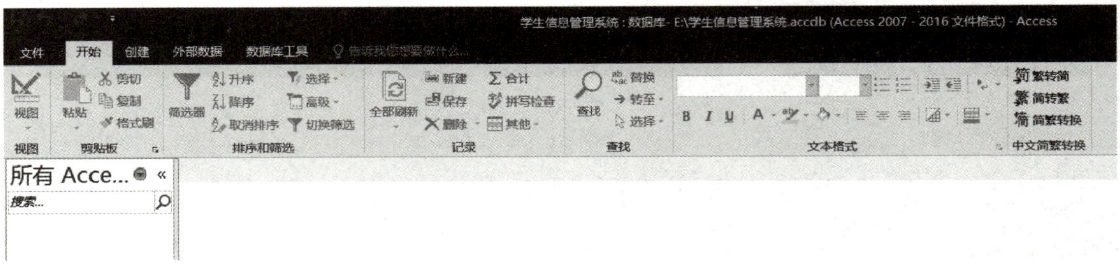

图 7-5　学生信息管理系统数据库

（8）在 Access 系统窗口，利用新数据库了解数据库对象的工作环境。

7.2.2　数据表及表间关联关系的创建

任务一　创建“学生”表

（1）打开“学生信息管理系统 .accdb”数据库。

（2）在 Access 系统窗口，选择“创建”选项卡，单击“表设计”按钮，打开表设计窗格，如图 7-6 所示。

图 7-6　表设计窗格

（3）在表设计窗格依次输入每个字段的相关参数，如图 7-7 所示。

（4）在 Access 系统窗口，选择“文件”选项卡，选择“对象另存为”选项，打开“另存为”对话框，如图 7-8 所示。

（5）在“另存为”对话框输入创建表的名称“学生”，单击“确定”按钮，返回 Access 系统窗口，结束表的创建。

（6）在 Access 系统窗口，选择“开始”选项卡，单击“视图”按钮，切换到数据表视图，如图 7-9 所示。

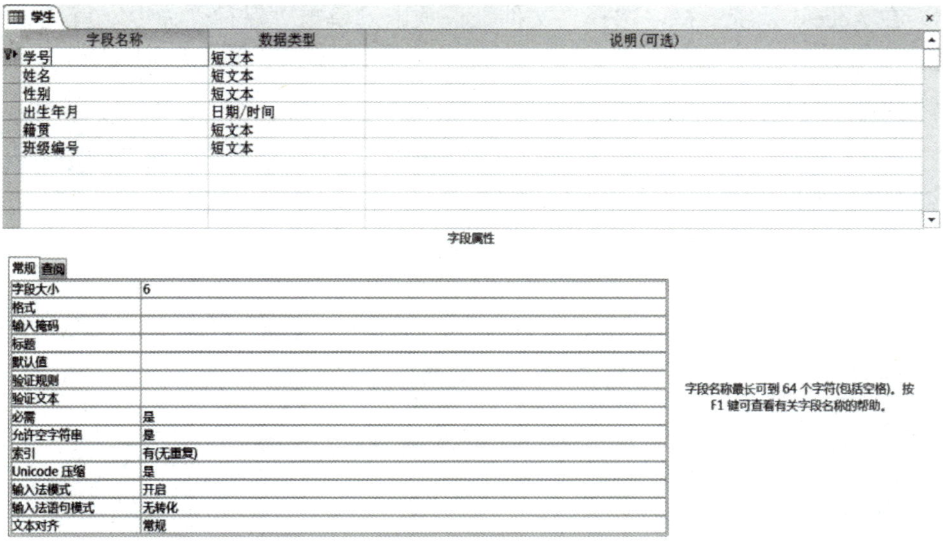

图 7-7　输入参数

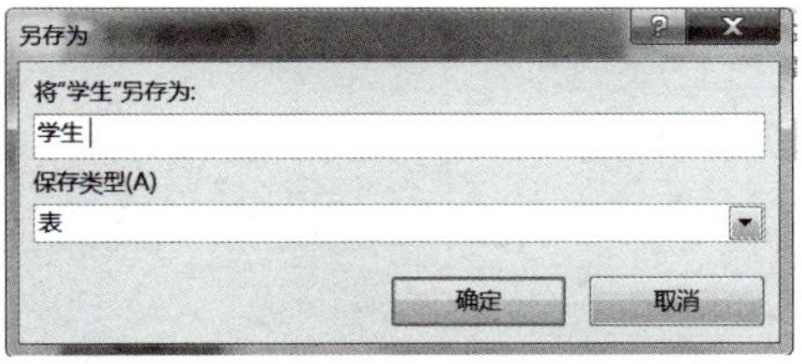

图 7-8　“另存为”对话框

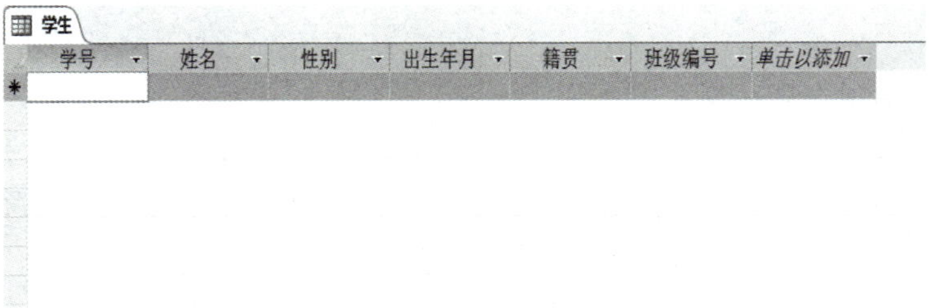

图 7-9　数据表视图

（7）在数据表视图，依次输入每一个学生的数据，如图 7-10 所示。

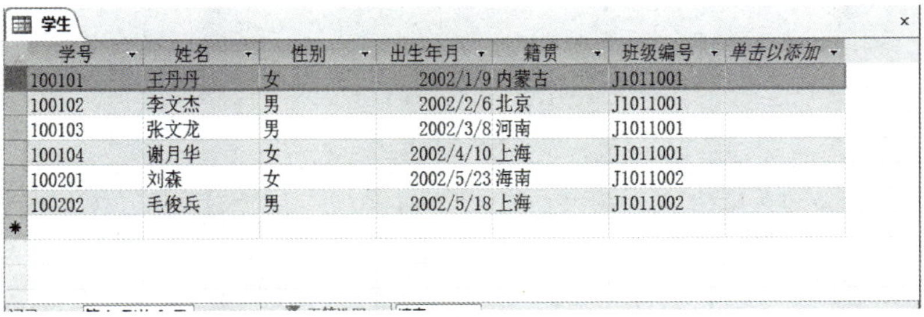

图 7-10　输入数据

（8）在 Access 系统窗口，选择“文件”选项卡，单击“保存”命令，就完成了表的初步创建。

（9）按照同样的步骤创建“班级”表、“系”表、“学院”表。

任务二　将学生信息管理系统中的“学生”表、“班级”表、“系”表、“学院”表间建立关联关系

（1）打开“学生信息管理系统 .accdb”数据库。

（2）选定“学生”表，打开表设计窗格。

（3）在表设计窗格，选定要建立索引的字段，选择“常规”选项卡，单击“索引”下拉按钮，选择其中的“有 (无重复)”选项，如图 7-11 所示。

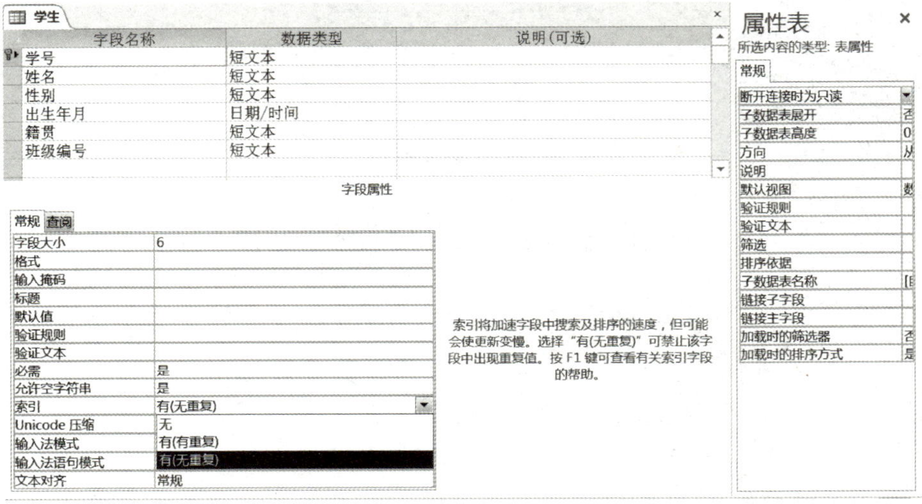

图 7-11　索引

（4）保存“学生”表，结束索引的定义。

（5）按照同样的方法对“班级”表、“系”表、“学院”表一一创建索引。

（6）在 Access 系统窗口中，选择“数据库工具”选项卡，单击“关系”按钮，打开“显示表”对话框，如图 7-12 所示。

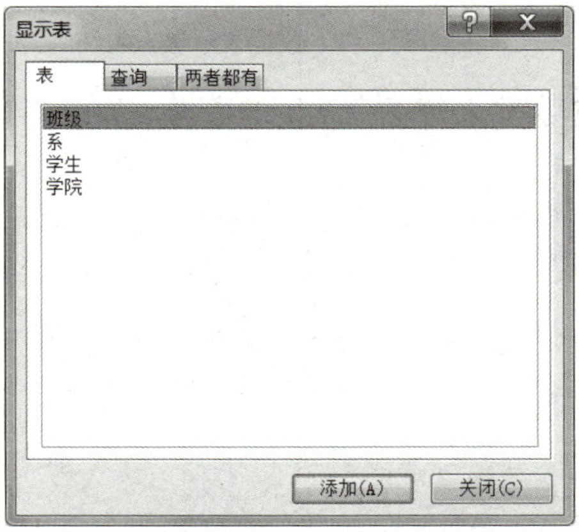

图 7-12　“显示表”对话框

（7）在“显示表”对话框中依次选择所需要的数据表，单击“添加”按钮。

（8）打开“关系”窗格，将其中一个表中的相关字段拖至另一个表中的相关字段的位置，编辑关系。

（9）重复多次，多表间便建立了关联关系，如图 7-13 所示。

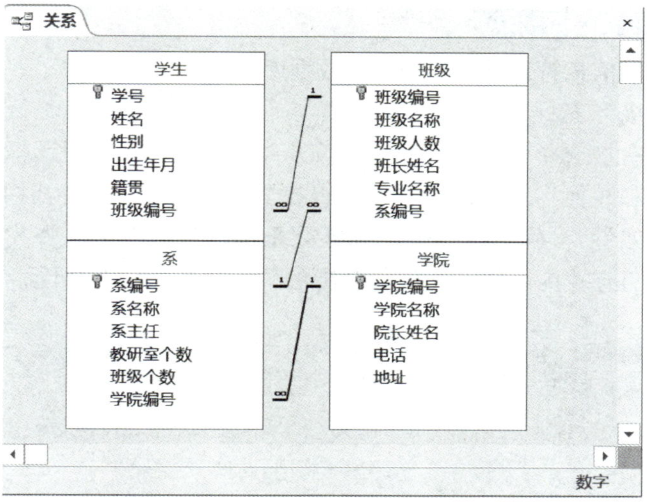

图 7-13　“关系”窗口

（10）保存数据库，结束数据库中表间关联关系的建立。

7.2.3　表中数据的输入与维护

创建表的任务完成后，接着关注对表的操作。在这里要建立一个概念，就是表的结构及表中数据的操作是通过表设计和表这两个不同的工作窗格完成的。

任务一　向“班级”表输入数据

（1）打开“学生信息管理系统 .accdb”数据库。

（2）在导航栏中，双击需要操作的“班级”表的图标，打开表窗格。

（3）在“班级”表中依次输入数据，如图 7-14 所示。

班级

班级编号	班级名称	班级人数	班长姓名	专业名称	系编号	单击以添加
J1011001	1001	126	杨珂轩	自动化	J101	
J1011002	1002	95	吕国庆	自动化	J101	
J1011003	1003	135	梁国栋	自动化	J101	
J1011004	1004	114	黄凯	自动化	J101	
J1021001	1101	136	王楠	计算机	J102	
J1021002	1102	69	曹汉阳	计算机	J102	
J1021003	1103	88	王浩宇	计算机	J102	
J1021004	1104	132	王益民	计算机	J102	

图 7-14　“班级”表的数据输入

（4）在表窗格，右击表头，打开快捷菜单。

（5）在快捷菜单中选择“保存”命令，打开“另存为”对话框。

（6）在“另存为”对话框中输入保存的名称“班级”，单击“确定”按钮，结束“班级”表中数据的输入。

任务二　修改表中的数据

（1）打开“学生信息管理系统 .accdb”数据库。

（2）打开“班级”表。

（3）在表窗格右击选择“查找”命令，打开“查找和替换”对话框。

（4）在“查找和替换”对话框中选择“查找”选项卡，在“查找内容”文本框内输入要查找的数据“J102”，再确定查找范围和匹配条件，最后单击“查找下一个”按钮，光标将定位到第 1 个与查找内容相匹配的数据项的位置，如图 7-15 所示。

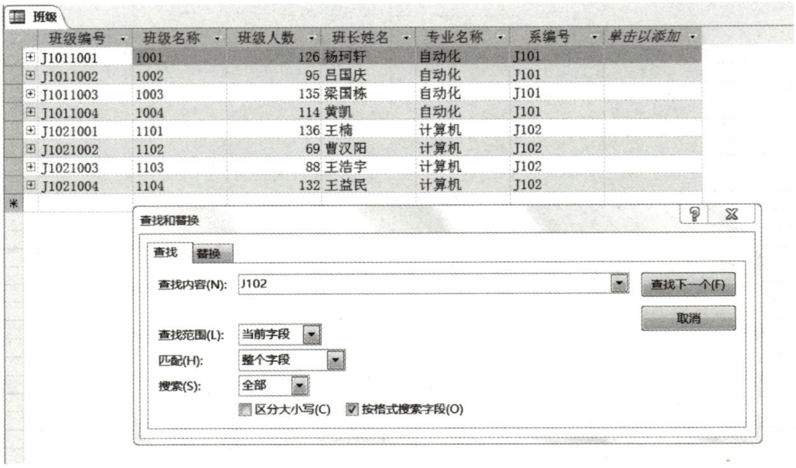

图 7-15　“查找”选项卡

（5）在“班级”表窗格，可根据修改内容对表中的数据进行修改，如将 1003 改为 1005，如图 7-16 所示。

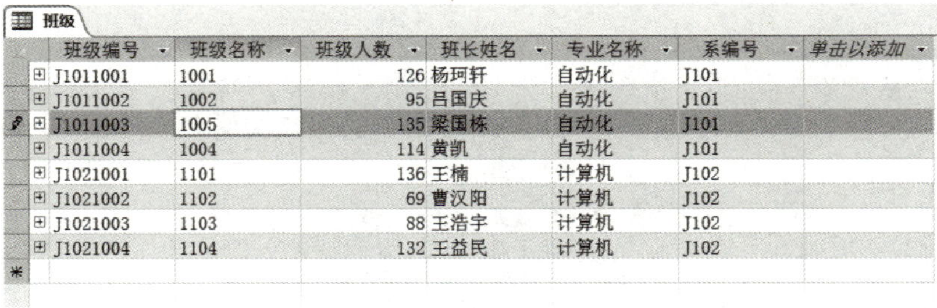

图 7-16　依次修改表中数据

（6）在“查找和替换”对话框中选择“替换”选项卡，在“查找内容”文本框内输入要查找的数据“J101”，在“替换为”文本框内输入要替换的数据“J103”，再确定查找范围和匹配条件，最后单击“查找下一个”按钮，光标将定位到第 1 个与查找内容相匹配的数据项的位置，单击“替换”按钮，该值将被修正，如图 7-17 所示。

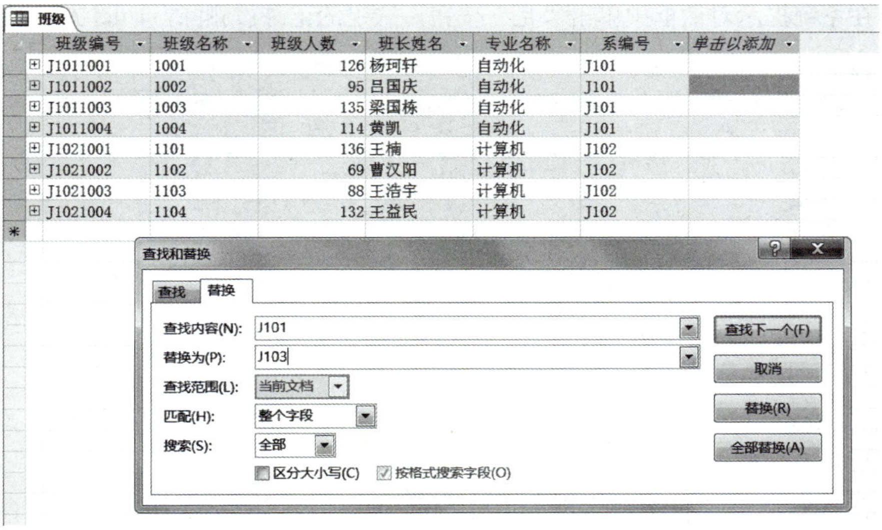

班级编号	班级名称	班级人数	班长姓名	专业名称	系编号	单击以添加
J1011001	1001	126	杨珂轩	自动化	J101	
J1011002	1002	95	吕国庆	自动化	J101	
J1011003	1003	135	梁国栋	自动化	J101	
J1011004	1004	114	黄凯	自动化	J101	
J1021001	1101	136	王楠	计算机	J102	
J1021002	1102	69	曹汉阳	计算机	J102	
J1021003	1103	88	王浩宇	计算机	J102	
J1021004	1104	132	王益民	计算机	J102	

图 7-17　“替换”选项卡

（7）在“查找和替换”对话框中单击“全部替换”按钮，可根据对话框中输入的内容对表中的数据统一进行修改。

任务三　删除表中的数据

（1）打开“学生信息管理系统 .accdb”数据库。

（2）打开“班级”表。

（3）在表窗格中选定要删除的记录，如图 7-18 所示。

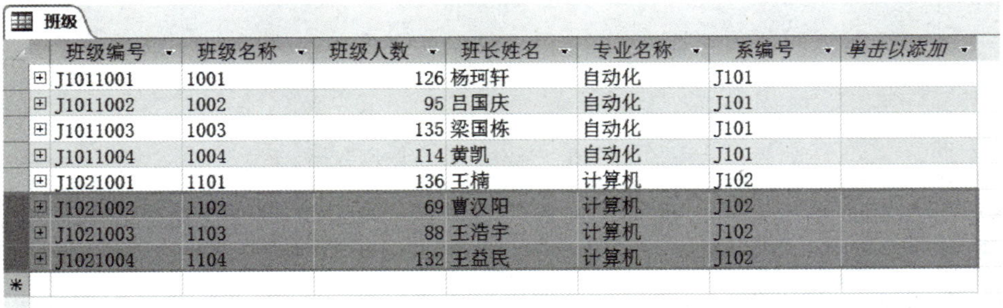

班级编号	班级名称	班级人数	班长姓名	专业名称	系编号	单击以添加
J1011001	1001	126	杨珂轩	自动化	J101	
J1011002	1002	95	吕国庆	自动化	J101	
J1011003	1003	135	梁国栋	自动化	J101	
J1011004	1004	114	黄凯	自动化	J101	
J1021001	1101	136	王楠	计算机	J102	
J1021002	1102	69	曹汉阳	计算机	J102	
J1021003	1103	88	王浩宇	计算机	J102	
J1021004	1104	132	王益民	计算机	J102	

图 7-18　选定要删除的记录

（4）在表窗格右击，选择“删除记录”命令，打开系统提示对话框，如图 7-19 所示。

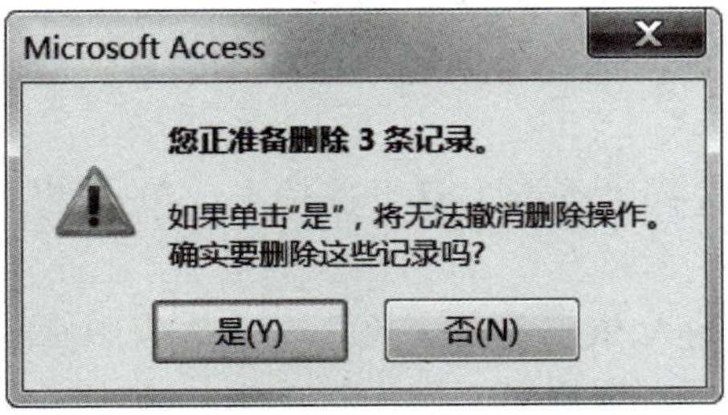

图 7-19　系统提示对话框

（5）在系统提示对话框中单击“是”按钮，选定的记录被删除，如图 7-20 所示。

班级

班级编号	班级名称	班级人数	班长姓名	专业名称	系编号	单击以添加
J1011001	1001	126	杨珂轩	自动化	J101	
J1011002	1002	95	吕国庆	自动化	J101	
J1011003	1003	135	梁国栋	自动化	J101	
J1011004	1004	114	黄凯	自动化	J101	
J1021001	1101	136	王楠	计算机	J102	

图 7-20　选定的记录被删除

任务四　通过 SQL 命令实现数据操纵

1. 插入数据

（1）打开“学生信息管理系统 .accdb”数据库。

（2）在 Access 系统首页，选择“创建”选项卡，在“查询”组中单击“查询设计”按钮。

（3）在打开的窗格中选择“查询工具”选项卡，单击“SQL 视图”按钮，打开 SQL 视图。

（4）在 SQL 视图中，输入 SQL 语句，在“学生”表中输入数据，如图 7-21 所示。

学生输入数据

```
Insert  into 学生(学号,姓名,性别,出生年月,籍贯,班级编号)
Values ("100203","刘鹏宇","男","2002-06-20","北京","J1011003");
```

图 7-21　在“学生”表中输入数据

（5）在 Access 系统首页，选择“文件”选项卡，单击“保存”按钮，保存查询“学生输入数据”，结束查询的创建。

（6）在 Access 系统首页，选择“查询工具”选项卡，单击“运行”按钮，运行查询“学生输入数据”。

2. 更新数据

（1）打开“学生信息管理系统 .accdb”数据库。

（2）在 Access 系统首页，选择“创建”选项卡，在“查询”组中单击“查询设计”按钮。

（3）在打开的窗格中选择“查询工具”选项卡，单击“SQL 视图”按钮，打开 SQL 视图。

（4）在 SQL 视图中，输入 SQL 语句，在“学生”表中修改数据，如图 7-22 所示。

（5）在 Access 系统首页，选择“文件”选项卡，单击“保存”按钮，保存查询“学生更新”，结束查询的创建。

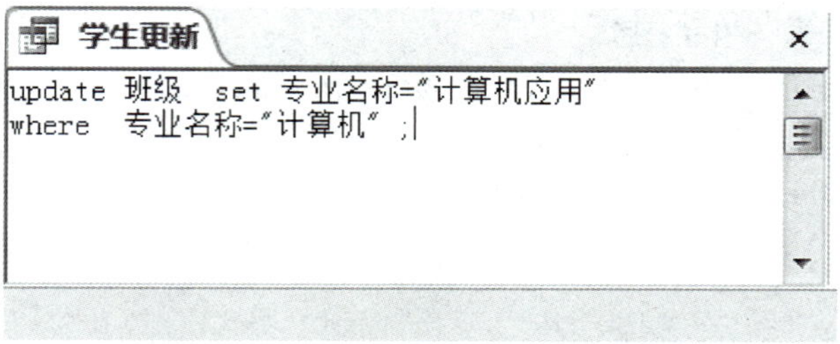

图 7-22　在“学生”表中修改数据

（6）在 Access 系统首页，选择“查询工具”选项卡，单击“运行”按钮，运行查询“学生更新”。

3. 删除数据

删除学生表中的女生信息。

（1）打开“学生信息管理系统 .accdb”数据库。

（2）在 Access 系统首页，选择“创建”选项卡，在“查询”组中单击“查询设计”按钮。

（3）在打开的窗格中选择“查询工具”选项卡，单击“SQL 视图”按钮，打开 SQL 视图。

（4）在 SQL 视图中，输入 SQL 语句，在“学生”表中删除数据，如图 7-23 所示。

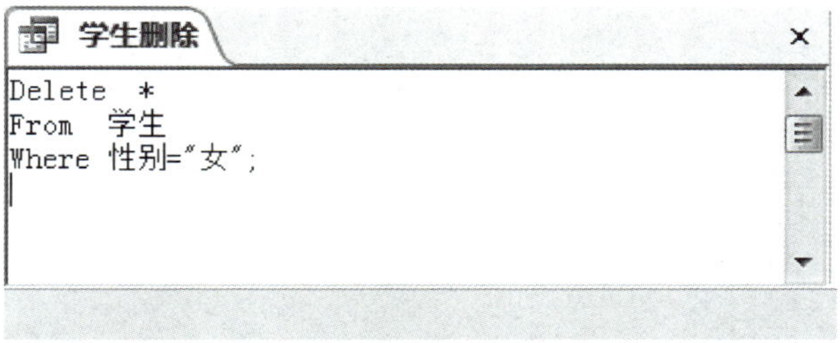

图 7-23　在“学生”表中删除数据

（5）在 Access 系统首页，选择“文件”选项卡，单击“保存”按钮，保存查询“学生删除”，结束查询的创建。

（6）在 Access 系统首页，选择“查询工具”选项卡，单击“运行”按钮，运行查询“学生删除”。

4. 简单查询

查询计算机应用专业的班级信息。

（1）打开“学生信息管理系统 .accdb”数据库。

（2）在 Access 系统首页，选择“创建”选项卡，在“查询”组中单击“查询设计”按钮。

（3）在打开的窗格中选择“查询工具”选项卡，单击“SQL 视图”按钮，打开 SQL 视图。

（4）在 SQL 视图中，输入 SQL 语句，查询“学生”表中指定的行和列，如图 7-24 所示。

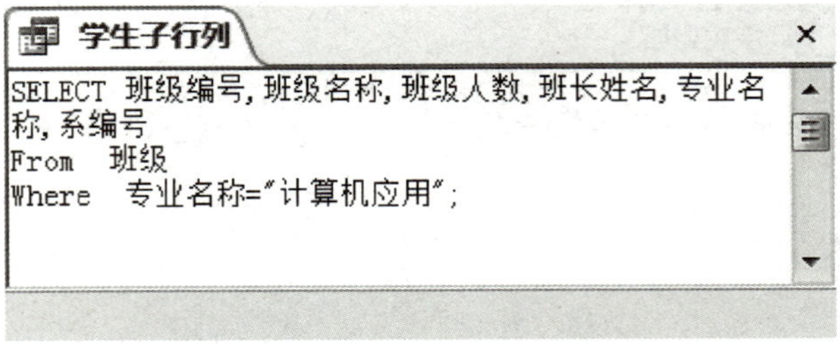

图 7-24　在“学生”表中查询数据

（5）在 Access 系统首页，选择“文件”选项卡，单击“保存”按钮，保存查询“学生子行列”，结束查询的创建。

（6）在 Access 系统首页，选择“查询工具”选项卡，单击“运行”按钮，运行查询“学生子行列”。

实验 8　网络与常用软件

8.1 实验目的

（1）了解网络的基本知识。

（2）了解网络的配置、基本管理和维护。

（3）掌握几个常用软件的使用方法。

8.2 实验内容

8.2.1　网络的配置

任务　配置一个简单的网络

网络在实现了物理连接后，还要进行计算机名和工作组设置、网络环境和参数配置、网络资源共享设置。

1. 计算机名和工作组设置

在一个网络中，所有计算机的名称不同，我们必须要将计算机设置在同一个工作组内才可以在“网上邻居”中相互访问。因此，针对每台计算机我们都要进行计算机名和工作组的设置。

（1）在桌面右击“此电脑”图标，在弹出的快捷菜单中选择“属性”命令，在打开的窗口中单击“高级系统设置”，打开“系统属性”对话框，选择“计算机名”选项卡，单击“更改”按钮，在打开的“计算机名 / 域更改”对话框中输入要设定的计算机名，单击“确定”按钮，如图 8-1 所示。

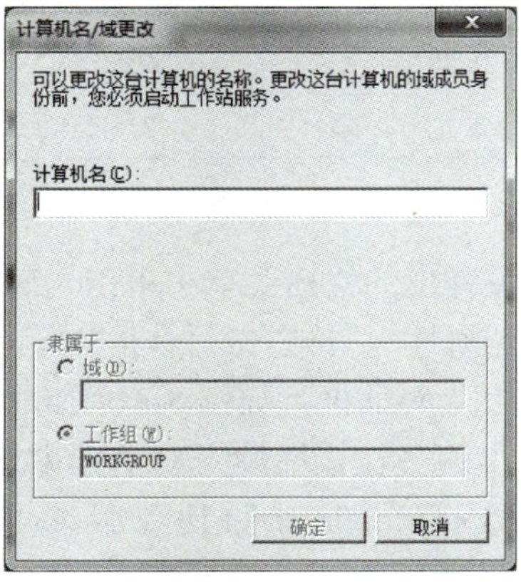

图 8-1　“计算机名 / 域更改”对话框

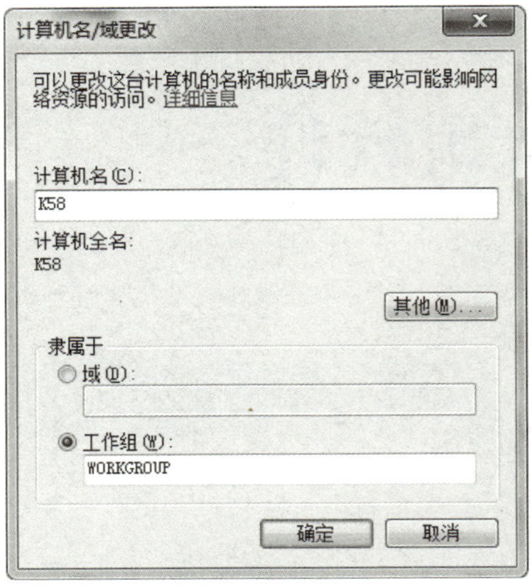

图 8-2 设置举例

（2）例如，在“计算机名”中输入K58（其他计算机分别输入各自的计算机名，如K59、K60等），“隶属于”选择“工作组”单选按钮，并输入WORKGROUP（其他计算机的操作方法相同），如图8-2所示。单击“确定”按钮，在打开的“欢迎加入WORKGROUP工作组”提示信息对话框中根据需要选择后，单击“确定”按钮，随后系统弹出“要使更改生效，必须重新启动计算机”的提示信息对话框，单击“确定”按钮，重新启动系统后，计算机名和工作组设置工作完成。

2. 网络环境和参数配置

跳线与网络设备的连接只实现了网络的物理连接，若要实现网络的数据传递，则必须对每一台计算机进行网络配置，安装相应的网络客户端、网络协议和网络服务。

（1）规划网络工作参数。

在完成了各组的工作组名、计算机名、用户名的设置后，再进行每台机器的IP地址规划。

每组的IP地址的格式为192.168.*x*.*y*，子网掩码为255.255.255.0。

其中，*x*为子网地址，每组只能使用一个从1到254（含1和254）之间的值，并且各实验组必须使用不同的值，即各组所在的子网网段不同。例如一组为192.168.10.*y*，二组为192.168.20.*y*。*y*是主机地址，可以自行将从1到254（含1和254）之间的值分配给计算机，但同一组中不同计算机的*y*值必须不同。

例如，若一组中两位同学学号的最后4位数分别是1021、1029，二组中两位同学学号的最后4位分别为2058、2072，设置对应的IP参数如表8-1所示。

表 8-1 对应的 IP 参数

项目	学号的最后 4 位	子网掩码	IP 地址
IP 参数	1021	255.255.255.0	192.168.10.21
IP 参数	1029	255.255.255.0	192.168.10.29
IP 参数	2058	255.255.255.0	192.168.20.58
IP 参数	2072	255.255.255.0	192.168.20.72

（2）设置IP地址。

右击“网上邻居”图标，在弹出的快捷菜单中单击“属性”命令，在打开的“网络连接”对话框中选择“更改适配器属性”，再右击“本地连接”，在打开的对话框中单击“属性”按钮，打开“本地连接 属性”对话框，如图8-3所示。

单击“属性”按钮，在弹出的“连接属性”对话框中选中“Internet协议版本4(TCP/IPv4)”，再单击“属性”按钮，打开“Internet协议版本4(TCP/IPv4)属性”对话框，如图8-4所示。

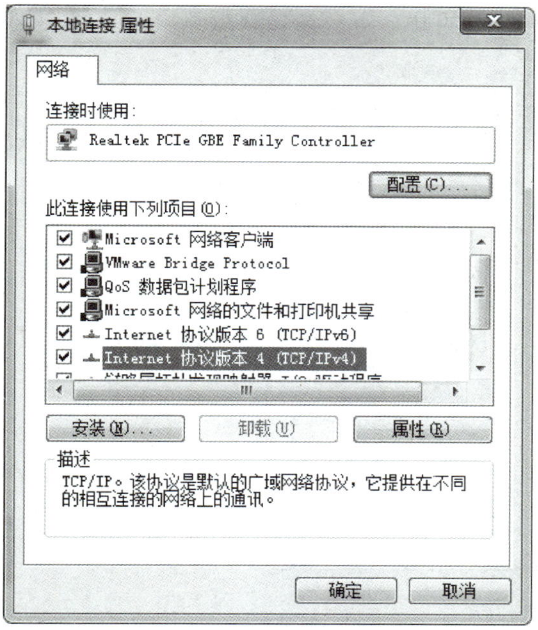

图 8-3　“本地连接 属性”对话框

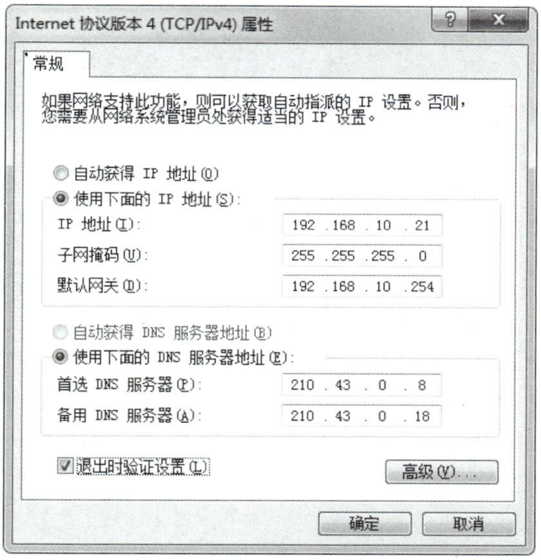

图 8-4　“Internet 协议版本 4(TCP/IPv4) 属性”对话框

在对话框中配置网卡的 IP 地址、子网掩码、默认网关和 DNS 服务器地址等相关信息。系统安装时默认的是自动获得 IP 地址，单击“使用下面的 IP 地址”单选按钮可输入固定 IP 地址、子网掩码、默认网关，单击“使用下面的 DNS 服务器地址”单选按钮可输入 DNS 服务器地址的内容，最后单击“确定”按钮。至此，局域网 IP 地址配置完成。

3. 网络资源共享设置

（1）当多台计算机都按以上步骤设置完成后，重新启动系统。在桌面双击“网络”图标，打开“网络”窗口，单击“网络和共享中心”，在窗口中将罗列出“WORKGROUP”工作组中通过网络连接在线的计算机，如图 8-5 所示。

图 8-5　工作组中的计算机

双击 K50 图标，打开网络计算机 K50 上所提供的共享资源窗口（网络共享资源需要在 K50 上预先设置完成），如图 8-6 所示。

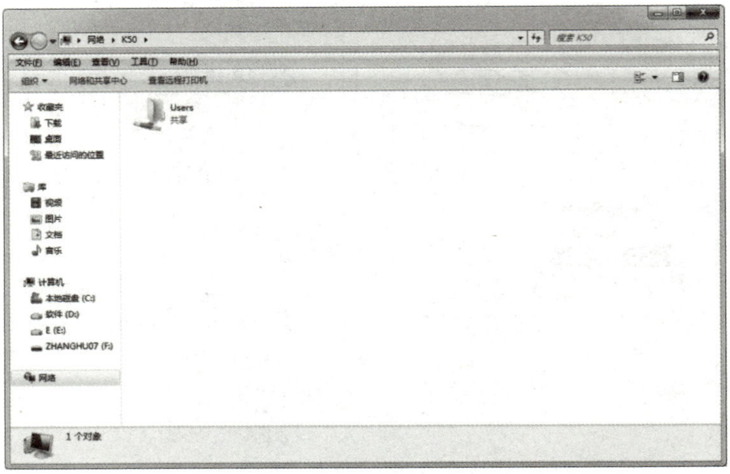

图 8-6　共享资源窗口

（2）选中“本地磁盘 (F)”，单击“映射网络驱动器”选项，弹出“映射网络驱动器”对话框。在“驱动器”下拉列表中选择“Z:”作为网络驱动器的盘符，选中“登录时重新连接”复选框，如图 8-7 所示。单击“完成”按钮，自动打开网络驱动器“Z:\”窗口。回到上一级窗口，在其中可以看到所创建的网络驱动器（网络驱动器图标上有网络电缆标志，而本地驱动器没有）。

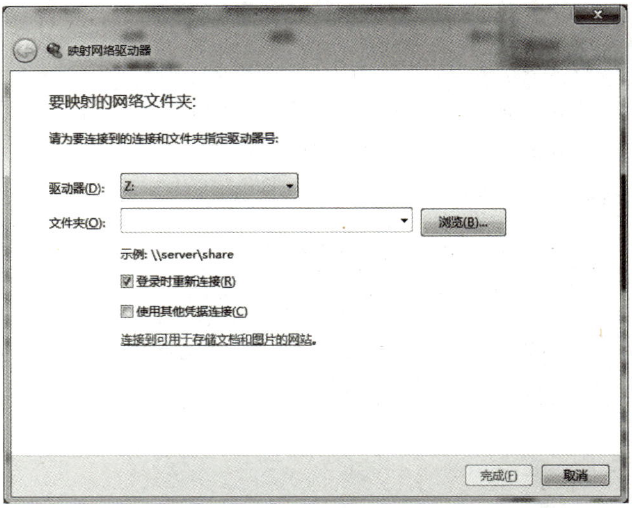

图 8-7　“映射网络驱动器”对话框

注意：

网络驱动器的使用方法和本地驱动器类似。如果网络资源的访问权限为只读共享，那么其他用户就没有修改网络驱动器内容的权限。

（3）共享打印机的设置。可以通过安装共享本地打印机让其他用户在网络连接情况下打印自己的文档。

在“开始”菜单中单击“设备和打印机”命令，在打开的窗口中单击“添加本地打印机”，或在“网络”窗口中直接单击“添加打印机”，打开“添加打印机”对话框，选择“添加本地打印机”选项，如图 8-8 所示。

图 8-8　“添加打印机”对话框

单击“下一步”按钮，在“选择打印机端口”中有“使用现有的端口”和“创建新端口”两个单选按钮，在打印机处于连接状态时可以直接选择该打印机连接的端口，这里选择 USB 端口，如图 8-9 所示。

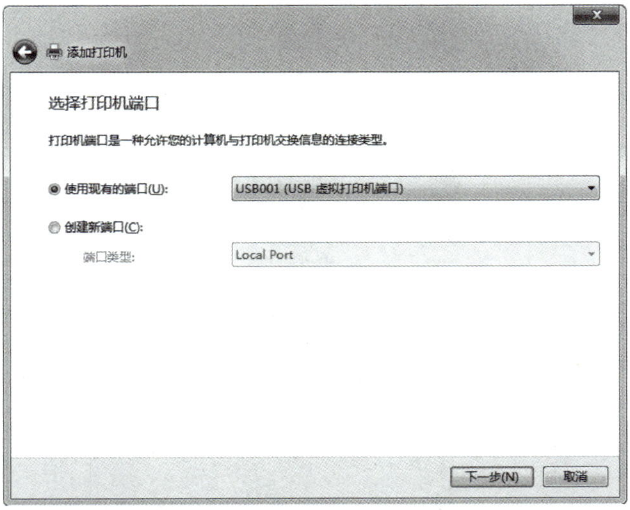

图 8-9　选择打印机端口

单击“下一步”按钮，在打印机型号中选择对应的打印机后，显示“打印机共享”设置，如图 8-10 所示。选中“共享此打印机以便网络中的其他用户可以找到并使用它”单选按钮，将这台打印机设置为默认打印机，可以在“共享名称”“位置”“注释”中输入共享打印机的共享信息。

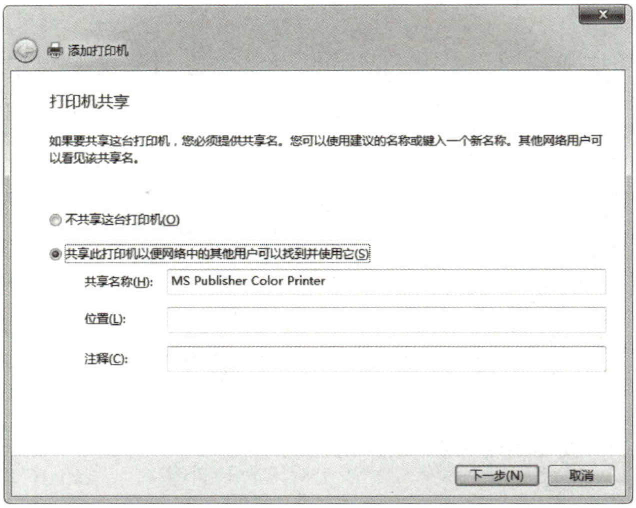

图 8-10　打印机共享

单击“下一步”按钮，打开“您已经成功添加打印机”对话框，单击“完成”按钮，成功添加本地共享打印机，在“打印机和传真”中会显示出所添加的打印机图标，如图8-11 所示。

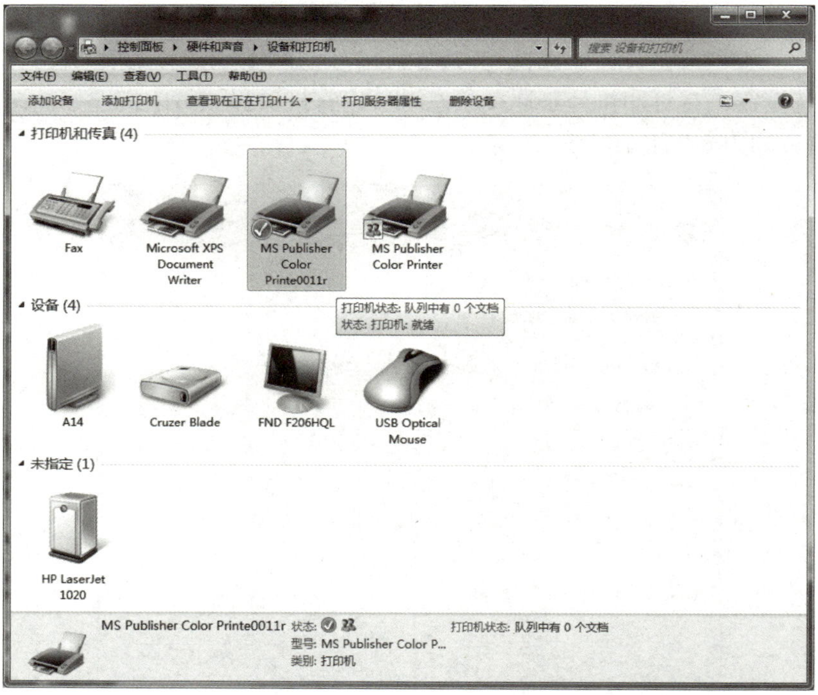

图 8-11　成功添加打印机

注意：

网络打印机的使用方法和本地打印机类似，使用网络打印机时，提供打印服务的计算机必须处于运行状态。

8.2.2　网络的基本管理和维护

Windows 系统内置了网络测试命令，在命令提示符窗口中以命令行的方式进行网络命令的使用。在使用过程中若不了解命令的使用方法和参数的含义，可以在命令后加“/?”，以显示该命令的功能、参数和使用说明的帮助信息，例如，C:\>ping　/?。

任务　网络测试命令的使用

在机房管理和维护的过程中常用的网络测试命令有 ping、ipconfig、tracert、netstat 等。根据以下几个命令的提示，在机器上进行测试，并将命令执行结果的界面截图记录。

1. ping 命令

ping 是测试网络连接状况，以及信息包发送和接收状况最常用的工具，也是网络测试最常用的命令。通过分析发送、接收包的数据就可以得到网络的连通状况。

ping 向目标主机发送一个 32 字节的 IP 数据报，并记录下主机的响应时间，从而判断网络的响应时间和本机是否与目标主机连通。

若执行 ping 不成功，则可以分析出故障的原因是网线故障、网卡配置不正确或 IP 地址不正确等。若执行 ping 成功而网络仍无法使用，则要分析是否为网络系统的软件配置方面的原因。ping 成功只能保证本机与目标主机间存在一条连通的物理链路。

ping 命令可验证本机与远程计算机的连接状况，该命令只有在安装了 TCP/IP 协议后才可以使用。ping 的命令格式为：

```
ping [-t] [-a] [-n count] [-l length] [-f] [-i ttl] [-v tos] [-r count] [-s
count] [[-j host-list] | [-k host-list]] [-w timeout] destination-list
```

参数说明如下。

-t：ping 指定的计算机，直到手动停止。

-a：将地址解析为计算机名。

-n count：发送 count 指定的 ECHO 数据包数。默认值为 4。

-l length：发送包含由 length 指定的数据量的 ECHO 数据包。length 所指定的数据量默认为 32 字节，最大值是 65527。

-f：在数据包中发送“不要分段”标志，数据包就不会被路由上的网关分段。

-i ttl：将“生存时间”字段设置为 ttl 指定的值。

-v tos：将“服务类型”字段设置为 tos 指定的值。

-r count：在“记录路由”字段中记录传出和返回数据包的路由。count 可以指定最少 1 台，最多 9 台计算机。

-s count：count 指定的跃点数的时间戳。

-j host-list：利用 host-list 指定的计算机列表路由数据包。连续计算机可以被中间网关分隔（路由稀疏源）。IP 允许的最大数量为 9。

另外，还有参数 -k host-list、-w timeout 和 destination-list。“-k host-list”表示利用 host-list 指定的计算机列表路由数据包，连续计算机不能被中间网关分隔（路由严格源）。IP 协议允许的最大数量为 9。“-w timeout”指定超时间隔，单位为毫秒。“destination-list”指定要 ping 的远程计算机。

最常用的方法是：ping IP 地址或主机名 [-t] [-a] [-n count] [-l size]，例如，ping -t www.

haust.edu.cn，这里是将目标主机的域名直接作为 ping 的对象。域名 www.haust.edu.cn 主机的 IP 地址是 210.43.0.10，其执行效果与 ping 一个 IP 地址一样。

例如，ping 210.43.0.10，ping 命令执行结果如图 8-12 所示。

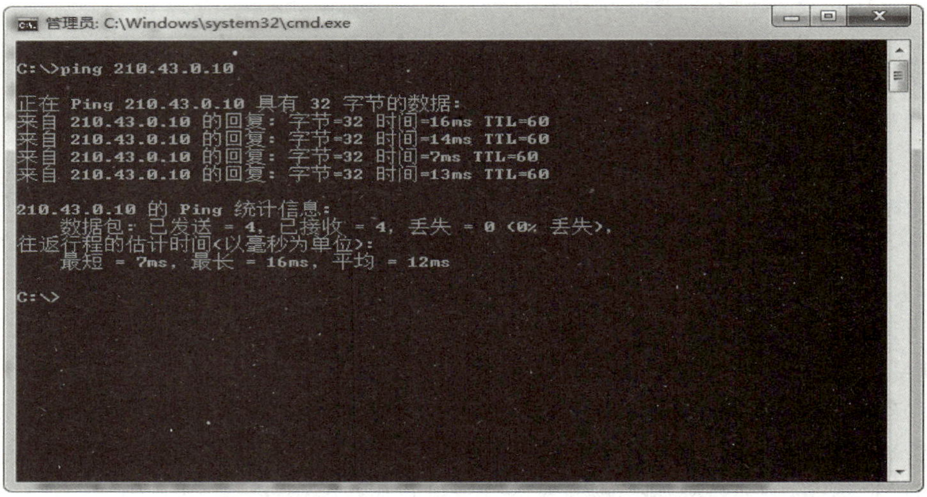

图 8-12　ping 命令执行结果

2. ipconfig 命令

ipconfig 用于测试并显示本地主机的 IP 地址、网卡地址等信息，可以显示配置的情况。

ipconfig 的命令格式为：

```
ipconfig [/? | /all | /release [adapter] | /renew [adapter]]
```

参数说明如下。

使用不带参数的 ipconfig 命令可以得到以下信息：IP 地址、子网掩码、默认网关。

/?：显示 ipconfig 的格式和参数的说明。

/all：显示完整的配置信息，包括主机名、DNS 服务器、节点类型、网络适配器的物理地址、主机的 IP 地址、子网掩码以及默认网关等。

/release：释放指定适配器（或全部适配器）的 IP 地址。

/renew：更新指定适配器（或全部适配器）的 IP 地址。

例如，C:\>ipconfig /all，ipconfig 命令执行结果如图 8-13 所示。

3. tracert 命令

tracert 用于显示用户数据所经过路径上各个路由器的信息，内容包括每一条的编号、反应时间、站点名称或 IP 地址。从中可以查看路由器处理时间的差别。

tracert 的命令格式为：

```
tracert IP地址或主机名 [-d][-h maximum_hops][-j host_list] [-w timeout]
```

参数说明如下。

-d：不解析目标主机的名字。

-h maximum_hops：指定搜索到目标地址的最大跳跃数。

-j host_list：按照主机列表中的地址释放源路由。

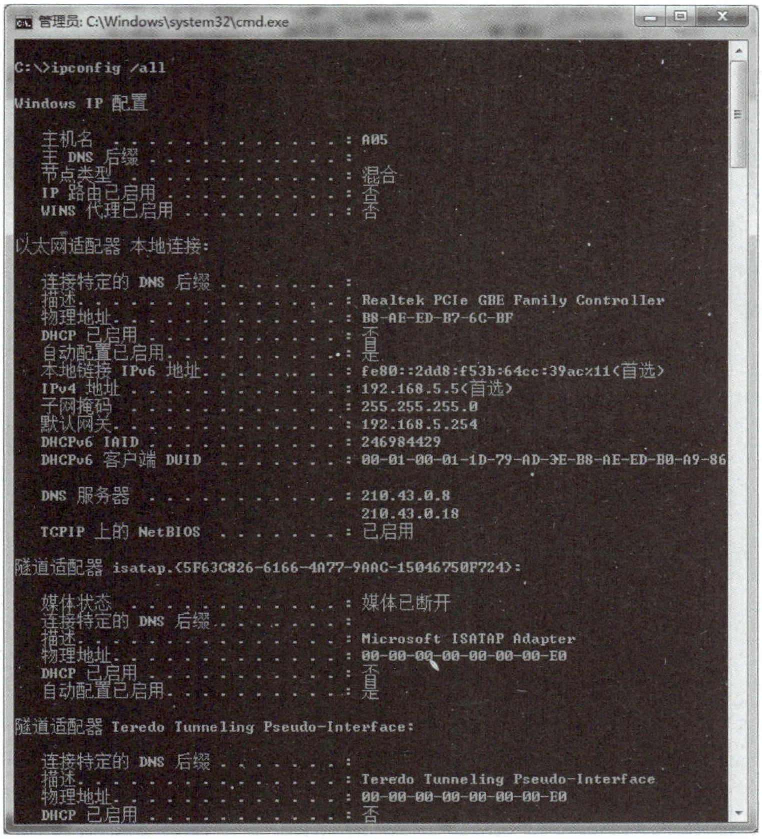

图 8-13　ipconfig 命令执行结果

-w timeout：指定超时时间间隔，程序默认的时间单位是毫秒。

例如，C:\> tracert www.sohu.com，tracert 命令执行结果如图 8-14 所示。

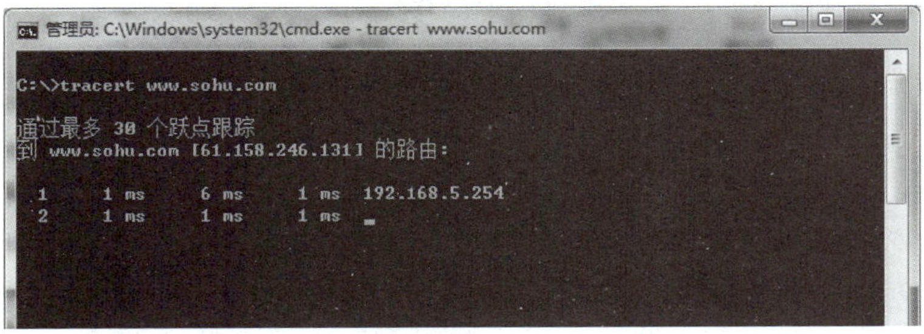

图 8-14　tracert 命令执行结果

4．netstat 命令

netstat 为网络协议统计命令，用于查看网络协议的统计结果、发送和接收数据的大小，连接和监听端口的状态。

netstat 的命令格式为：

```
netstat [-a] [-e] [-n] [-p] [-s] [-r] [-t]
```

参数说明如下。

-a：显示所有的 TCP 连接、所有监听的 TCP 和 UDP 端口。

-e：显示 Ethernet 统计，可以和 /s 参数一起使用。

-n：显示以数字形式表示的地址和端口号。

-p：显示由协议参数 proto 指定的协议的连接，协议可以是 TCP、UDP、TCPv6、UDPv6。与参数 /s 一起使用，会按协议显示统计信息，此时的协议可以是 TCP、UDP、IP、ICMP、TCPv6、UDPv6、IPv6、ICMPv6。

-s：按协议显示统计信息。

-r：显示 IP 路由表的内容，该参数的作用与 route print 命令等价。

-t：指定再次自动统计、显示统计信息的时间间隔，单位为秒。若没有指定，会显示当前统计信息，然后退出。

例如，netstat -a，netstat 命令执行结果如图 8-15 所示。

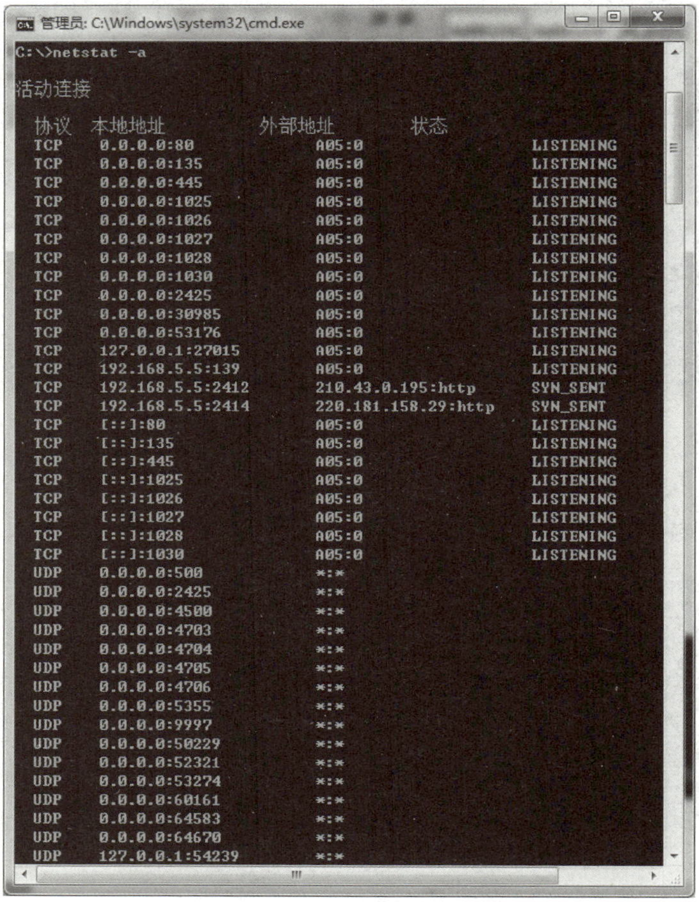

图 8-15 netstat 命令执行结果

8.2.3 常用软件的使用

任务一 优盘启动盘的制作

在计算机的维护过程中，一定会使用到启动盘。早期是使用光盘引导来启动计算机，伴随优盘的普及，将优盘作为启动盘使得计算机的引导和启动过程变得简单、快捷。现在制作优盘启动盘的软件较多，常用的有大白菜优盘启动盘制作软件和老毛桃优盘启动盘制作软件等。我们以大白菜优盘启动盘制作软件为例介绍制作过程。

1. 制作启动盘

（1）准备一个空优盘，在网上下载大白菜优盘启动盘制作软件，在计算机上解压并安装该工具。重点提示：因为制作的第 1 步需要格式化优盘，所以若原来的优盘上有数据，还要提前进行备份。

（2）插好优盘，在桌面或开始菜单中启动制作软件，在制作软件的窗口中进行设置。

（3）单击“归还优盘空间”按钮，系统提示是否继续本操作。单击“确定”按钮，系统先要对优盘进行格式化，给出“格式化完成”的提示后单击“一键制成优盘启动盘”按钮，系统开始制作优盘启动盘。制作完成后，系统给出“制作完成”的提示对话框，单击“确定”按钮后退出制作软件。

（4）将操作系统的安装程序复制到优盘上。

至此，一个优盘启动盘的制作工作完成。

注意：

操作系统的安装程序有安装版和 Ghost 版两种，使用起来只是安装过程的步骤不同，安装效果是一样的。

2. 启动盘的测试

（1）重启计算机，在计算机启动的画面上按 DEL 键进入 BIOS 设置界面，把第一启动项设为优盘启动。

（2）启动优盘引导成功后看到菜单，选择“运行 Windows PE（系统安装）”。

启动 PE 系统（这是一个简化的 Windows 操作系统，只有基本的功能模块），显示 Windows PE 桌面后，启动完成。至此，优盘启动盘的制作和测试工作完成。

任务二　压缩工具 WinRAR 的使用

WinRAR 是在 Windows 的环境下对 .rar 等格式的文件进行管理和操作的一款压缩软件。同时，使用这个软件也可以创建自解压可执行文件。

WinRAR 的安装操作如下。

（1）WinRAR 的安装与众多应用软件的安装方法一样，双击下载后的安装文件，就会出现如图 8-16 所示的安装界面。

（2）单击“浏览”按钮，选择安装路径后单击“安装”按钮。

（3）然后可以根据需要选择 WinRAR 关联文件、界面、外壳整合的相关设置等，如图 8-17 所示。

WinRAR 安装选项说明如下。

WinRAR 关联文件：用来选择由 WinRAR 处理的压缩文件类型，选项表中列出的文件扩展名就是 WinRAR 支持的压缩格式。

界面：用来选择放置 WinRAR 可执行文件链接的位置。

外壳整合设置：一般情况下采用默认设置即可。

（4）单击“确定”按钮，显示安装完成的提示界面，根据提示单击“确定”按钮，整个 WinRAR 的安装工作完成。

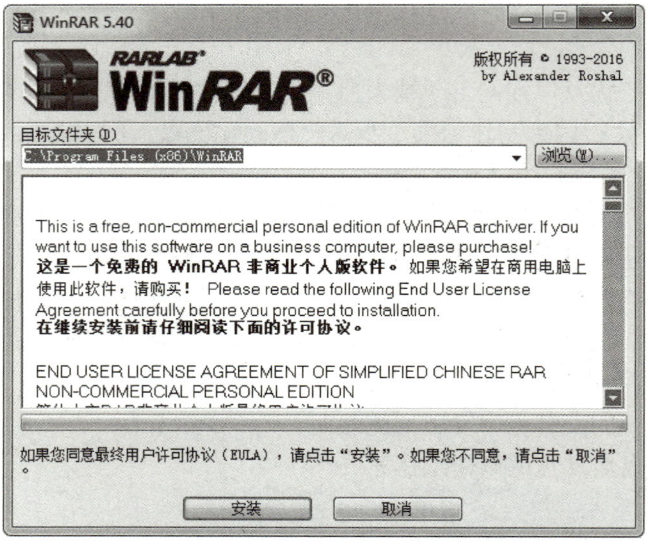

图 8-16 WinRAR 安装界面

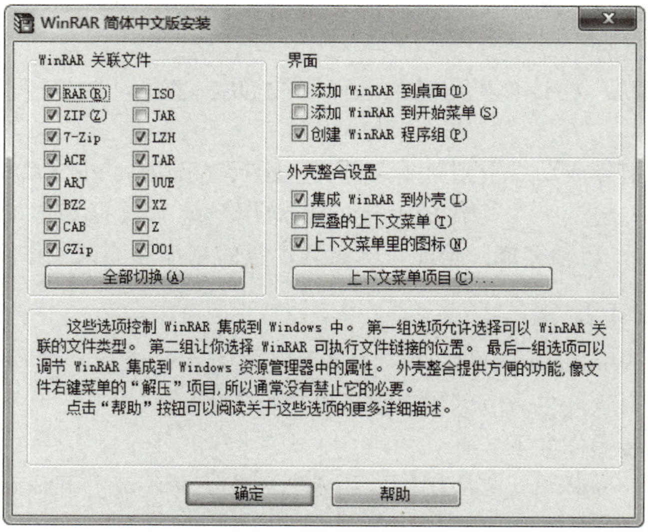

图 8-17 WinRAR 安装选项

WinRAR 压缩相关操作如下。

压缩文件：在要压缩的文件或文件夹上右击，弹出快捷菜单，如图 8-18 所示。

添加到压缩文件：当选择“添加到压缩文件”命令后，打开“压缩文件名和参数”对话框，常用设置主要在“常规”选项卡中，如图 8-19 所示。

压缩文件名：单击图 8-19 中的“浏览”按钮，可以选择生成的压缩文件在磁盘中的保存位置和名称。

配置：根据不同的压缩要求，可选择不同的压缩模式。单击“配置”按钮，可选择对应选项完成配置管理。

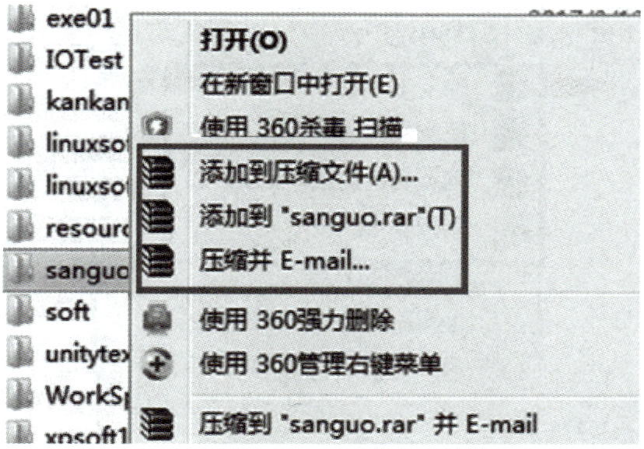

图 8-18　快捷菜单

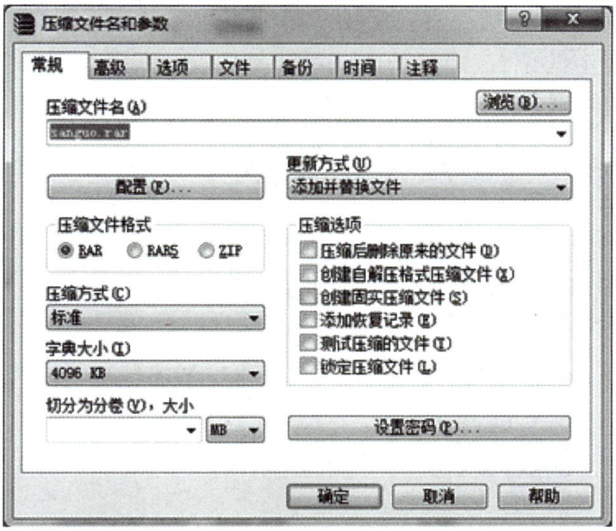

图 8-19　“压缩文件名和参数”对话框

压缩文件格式：选择生成的压缩文件是 RAR 格式、RARS 格式或 ZIP 格式。

更新方式：针对以前压缩过的文件，现在由于需要更新，故需要再压缩，从而进行更新方式设置。

压缩选项：最常用的是“压缩后删除原来的文件”和“创建自解压格式压缩文件”选项。前者是在建立压缩文件后删除原来的文件，后者是创建一个 EXE 可执行文件。当后续解压缩时，根据压缩时设定的路径存储解压后的文件，并可以脱离 WinRAR 软件自行解压缩。

压缩方式：对压缩比例和压缩速度进行设置。

切分为分卷，大小：当压缩后的大文件需要分割为多个小文件进行存放时，要选择压缩包分卷的大小，对小文件的大小进行设置，在下拉列表中选择即可。

设置密码：单击“设置密码”按钮，打开“设置密码”对话框进行设置，单击“确定”按钮完成密码设置。设置密码后的压缩文件，需要提供密码才能解压缩。

WinRAR 解压缩相关操作如下。

方法 1：在要解压缩的文件上右击，选择解压缩的方式，如图 8-20 所示。

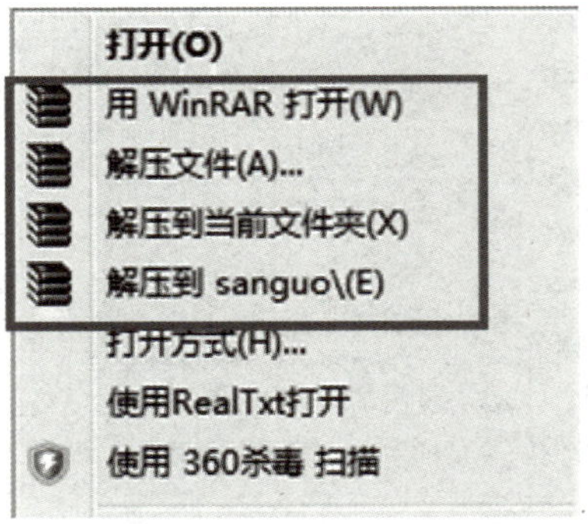

图 8-20　解压缩

选择“解压文件”命令后，打开“解压路径和选项”对话框，如图 8-21 所示。在“常规”选项卡中完成基本参数设置。其中“目标路径（如果不存在将被创建）”是解压缩后的文件存放在磁盘上的位置，“更新方式”和“覆盖方式”是在解压缩文件与目标路径中文件出现重名时的处理方式设置。一般在选定目标路径后，其他选项采用默认值。

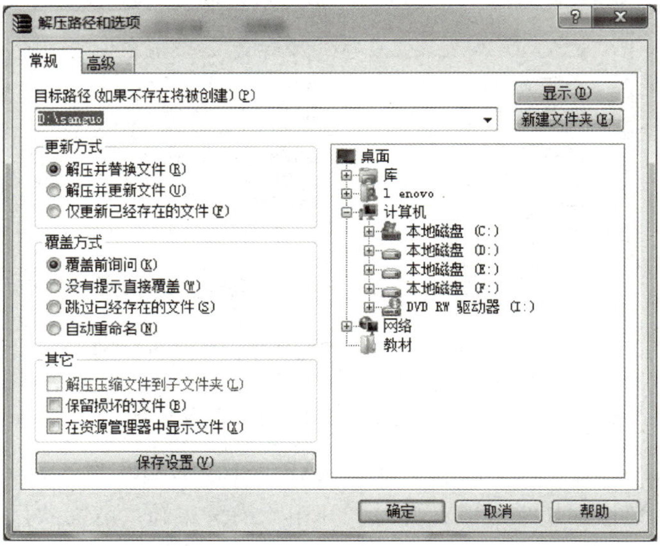

图 8-21　“解压路径和选项”对话框

方法 2：在单击“解压到当前文件夹”或“解压到 sanguo\”命令后，会直接将压缩文件夹中的源文件放置在当前文件夹中或放置在新建的 sanguo 文件夹中。

在日常使用过程中，会有一些快捷的操作，如可以不解压直接查看压缩文件的内容等。双击压缩文件就可直接打开压缩文件进行查看，如图 8-22 所示。

窗口中显示的是压缩文件夹中包含的原文件（图中显示的是一个文件夹，如果压缩时选择了多个文件而不是文件夹，则列表区内显示的就是多个文件）。可以双击直接打开其中的文件夹，也可以像未压缩时一样进行文件阅读甚至修改，但如果有修改的操作，在关闭时 WinRAR 会提示是否进行修改操作的同步。

WinRAR 软件使用注意事项如下。

WinRAR 软件的使用需注意软件的版本，如果使用低版本的 WinRAR 可能不能解压由高版本压缩的文件。

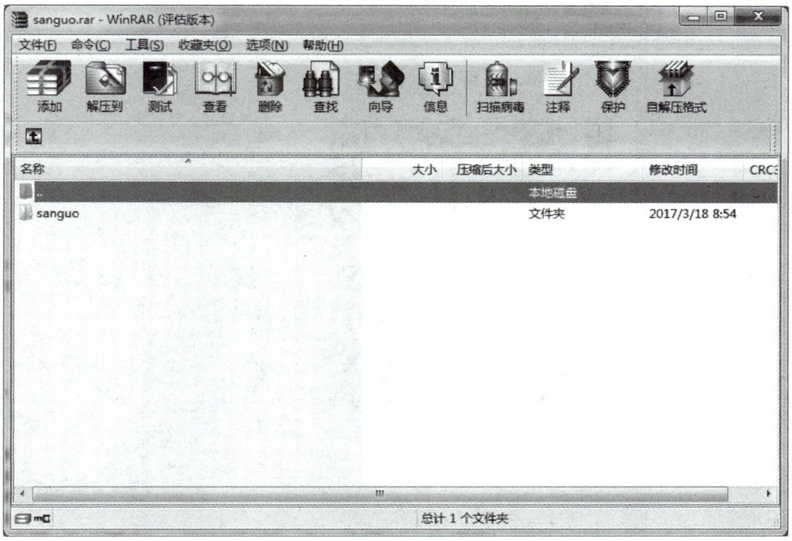

图 8-22　直接打开压缩文件

虽然 WinRAR 软件兼容 WinZIP 生成的压缩文件，但有个别 ZIP 文件可能用 WinRAR 解不开，遇到这种情况，我们可使用 WinZIP 进行解压。

对于有关联设置的文件，如 .doc、.xls 文件，在双击该文件后打开 WinRAR 主界面，虽然没有解压也能打开相应的压缩文件，但这时被打开的文件是写保护状态，若对该文件进行了修改，在存盘时会提示是否同步更新压缩文件中的内容。因为同步修改压缩文件的内容很容易引起压缩文件的损坏，在解压缩时无法解压，所以不建议以这种方式进行操作。

任务三　二维码的制作

1. 下载绿色生成器软件来制作二维码

在网络提供的资源中下载二维码生成器软件（这里我们以 PSytec QR Code Editor 软件为例，该软件为绿色免安装软件，执行 psqredit.exe 文件直接启动生成器），并准备好内容文档，如“长征 .docx”文档和“周瑜名片 .docx”文档，如图 8-23 所示。

图 8-23　生成器软件及素材文档

单击执行生成器软件，在打开的窗口中选择“文本信息”选项卡，输入或将准备好的素材粘贴进去，在参数选择栏中，对错误修正和型号保持默认值，根据图片的像素需求设定生成图片的尺寸，这里设定值为 4，如图 8-24 所示。

随着内容和参数的提供，二维码信息就已经在窗口中显示出来了，单击文件菜单中的“保存”按钮或“另存为”按钮，对生成的二维码进行保存，二维码生成完毕。

选择“电话簿信息”选项卡，依次输入电话簿信息中的项目内容，如图 8-25 所示，设定参数后，保存即可。

图 8-24 文本信息二维码的生成

图 8-25 电话簿信息二维码的生成

2. 使用网上在线生成器制作二维码

在网络上搜索“二维码生成器”，会出现大量的在线二维码生成器，我们以“草料二维码生成器”为例来完成二维码的在线生成。

登录“草料二维码”官网，主界面如图 8-26 所示。

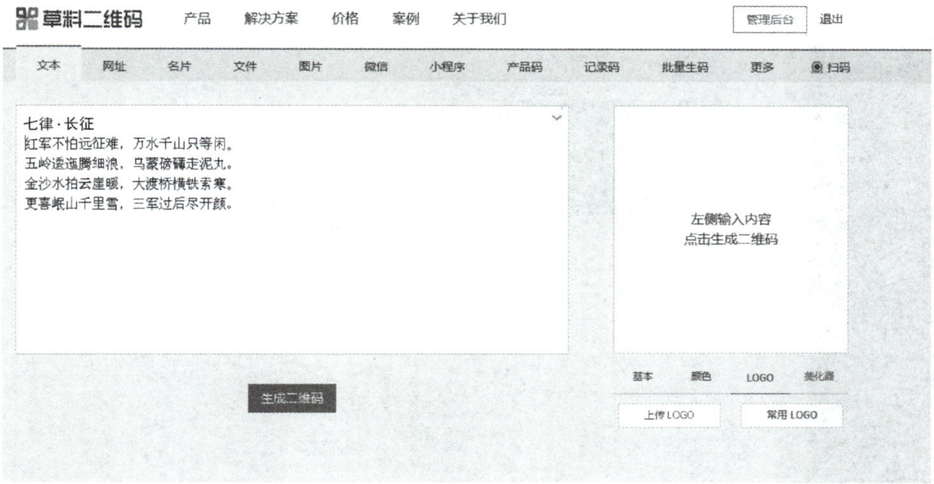

图 8-26　草料二维码主界面

根据需要生成二维码的内容选择“文本”“网址”等选项卡（本步骤以文本生成为例来实现带 LOGO 的二维码生成过程）。在“文本”选项卡的文本输入框中输入或粘贴素材内容。

单击右侧的“上传 LOGO”按钮，在给出的打开文件的对话框中选定要作为二维码 LOGO 的图片，本例上传一张帽子图片。

单击“生成二维码”按钮，在右侧显示出二维码的图片，如图 8-27 所示。

图 8-27　带 LOGO 的二维码

保存生成的二维码信息即完成了在线二维码的制作过程。可以用手机扫描测试制作的效果。

在草料二维码生成器中制作名片、企业、产品等二维码是要求注册的。可以在注册后，依次选择相应的二维码项，填入对应的素材内容，单击“生成二维码”按钮即可。制作名片二维码如图 8-28 所示，生成的二维码如图 8-29 所示。

图 8-28　制作名片二维码

图 8-29　二维码